經營顧問叢書 ㉖

終端零售店管理手冊

任賢旺（武漢）　秦明浩（長沙）　黃憲仁（臺北）

憲業企管顧問有限公司　發行

《終端零售店管理手冊》

序　言

具實務經驗的主管都知道，沒有打開銷售通路的環節，就是「銷售受阻」，產品邁不出工廠大門口，英雄無用武之地；商店賣場是銷售通路的最終端環節，一旦阻塞，管道阻礙，滯銷局面隨之而到。

誰擁有銷售通路，誰就擁有市場。在企業的行銷運作上，企業常有「通路為王」的說法。當今企業銷售成功的基本法則是「誰掌握了銷售終端，誰就是市場贏家」。

缺乏銷售通路，等於判定商品死亡，將產品推進火坑，而銷售通路的終端（即商店、賣場、經銷店），則決定產品的銷售機會。

我們發現到，在行業競爭激烈、產品同質化的今天，想要靠產品贏得優勢是十分困難的；未來的競爭，不只是產品的競爭，更是銷售通路的競爭，擁有穩定、高績效的銷售通路，才是廠商的核心競爭力。

產品銷售受阻或通路狹窄時，究竟應該如何打開銷售通路呢？面對殘酷的市場競爭，許多企業為了產品鋪貨銷售順暢，為了銷售更多點，為了一點點的陳列貨架優勢，各企業間展開激烈的肉搏戰………第一線業務主管都知道這個的重要性與困難度，因為一切的行銷努力，都要透過這個終端零售商瓶頸，銷售才能得以實現。

本書就是專為行銷企劃部門、營業部門而編輯設計，是「指導企業如何管理經銷商、如何因應終端零售店」而編寫的實用工具書。

作者 3 人都是擔任多年行銷顧問師工作，常到東南亞對企業診斷輔導、開課培訓，本書是作者對企業界的多年輔導經驗，書中技巧非常實務、實用，是行銷實戰的智慧心得。作者寫的《經銷商管理手冊》上市後，獲得企業界的好評，爭先團體購買，2017 年這本《終端零售店管理手冊》上市，充滿各種實務技巧和應用對策，希望這兩本實務書的資料，能對讀者的銷售通路運作有所俾益，是我們最大的欣慰！

2017 年 8 月

經銷商管理手冊

終端零售店管理手冊

《終端零售店管理手冊》

目　錄

第1章

終端零售商決定企業銷售成功

一、終端零售商的重要性

有的企業以為，只要消費者前來購買，零售商就不得不賣，因而將主要精力投放到針對消費者的品牌宣傳工作上，而對零售商的管理則相對薄弱，忽視了針對消費者銷售活動中零售商所起的作用。

對消費者的促銷等活動，如果沒有零售商的配合是很難落實的。零售商不一定非要配合你這家企業，如果其他企業給的利益更多，可能會激發其更大的積極性。

產品要爭奪終端消費者，必先搶佔產品和消費者直接見面的場所——零售網點。而產品是否能被消費者看到，是否能被消費者選擇，零售商的支持與意見尤為重要。沒有零售商的支持，一切都是徒勞。

消費者選購產品時，往往更願意聽取零售商的意見，零售商的主動推薦對顧客的購買決策有極大影響。他們說一句「某某產品好」，比廠家導購員說十句還頂用。據對保健品消費行為特徵的調查，有37%的顧客認為自己決定買那種保健品時，是營業員的推薦直接影響的。

特別對於選購要求專業知識、消費者不懂如何選購的產品，例如電腦、藥品等，零售商的意見尤為重要，對消費者的購買決策可以產生決定性影響。

此外，零售店的總銷量是相對穩定的，如果你的產品賣得多了，那麼其他的產品就肯定賣得少了，在你產品的利潤跟其他產品相同的情況下，這對零售商總利潤的增加並沒有十分明顯的幫助，所以，零售商往往不願意花費精力來配合針對消費者的促銷活動。

有的銷售活動因為企業策劃考慮不週而使零售商不願積極配合，從而使銷售效果大打折扣。當零售商認為他所能得到的好處不足以抵償其投入時，零售商就不太願意配合企業的銷售，從而導致活動受阻。此時如果競爭品牌推出力度更大的促銷獎勵時，零售商就會對消費者隱瞞該產品促銷的事實而重點推競爭品。

有人認為，利潤是廠商給予零售商的，這只說對了一半。可以說，零售商將商品銷售出去，才有了利潤的來源。因為無論是企業的利潤也好，還是零售商的利潤也好，都是來源於終端市場，來源於產品持續穩定的銷售。沒有持續的銷量，就沒有長期的利潤。儘管你給零售商的利潤空間很大，但如果你的產品不能源源不斷地銷售出去，零售商的利潤是無從談起的。

零售商也會出於自身利益考慮，拋棄甚至詆毀獲利低的產品。在產品進入衰退期時，由於各零售商之間相互降價競爭，形成惡性循環，導致產品的零售利潤越來越低，甚至多少錢進就多少錢出，一分錢都賺不到，這時零售商就會放棄該產品。

因此，企業有必要採取措施來保障零售商的利益，提高零售商的積極性，否則，企業必將自食其果。如果企業對零售商缺少激勵，忽略零售商的作用，使零售商的利益得不到保障，那麼零售商就會放棄不能帶來滿意收益的產品，使產品退出市場。尤其那些弱勢品牌更是如此。

二、終端零售店的定義

「即使是世界上最好的產品，有最好的廣告支持，但如果消費者不能在售點買到它們，你就無法完成銷售！」

隨著市場經濟的發展，市場競爭的加劇，使終端的爭奪更為激烈，終端的重要性日益突出，只有控制了終端才能控制市場的主動權。你不重視終端建設，沒有把握終端的能力，你就不可能真正贏得市場，你就不可能真正樹立品牌。雖然，也許由於你的產品一時暢銷，由於你分銷管道比較健全，所以你的產品目前還沒有遇到很大問題，但是沒有良好的終端網路建設，你的市場是很難持續發展的，你的品牌是很難深入人心的。雖然時至今天仍不重視終端建設的企業已經不多了，但是光有重視還遠遠不夠，因為終端建設是一個系統工程，它不僅需要較長的週期，需要一大批訓練有素的業務員，需要企業的整體行銷思想和正確的市場策略，還需要企業的綜合實力。

企業的成敗決勝在終端，品牌的升降關鍵在終端。

從產品設計、產品生產、行銷整合運用到分銷管道的物流配送，就像足球場上隊員之間的搶斷、傳遞、過人、配合，以及場外啦啦隊的吶喊助威，都是為進球時關鍵一腳所做的基礎準備。而所有商品的設計研發、生產加工、廣告促銷、管道建設也都是為了終端的「臨門一腳」——即消費者的實際購買。

所以終端作為產品和消費者直接接觸，決定能否實現貨幣交換的關鍵場所，已經為大多數企業認識到是產品銷售的最重要的環節，可以說，在市場競爭如此激烈的今天，誰掌握了終端，就意味著誰掌握了商戰的主動權。

（一）終端零售店的定義

只有擁有了終端，才真正擁有了市場。

在明確終端調研之前我們必須先瞭解，什麼叫終端、終端的分類和界定、終端的重要性、終端調研的目的等。

廣義上終端可以定義為：商品從生產廠家到真正購買者手中的最後一環。終端可以是零售場所，也可以是人員直銷、廠家直銷、郵購、展覽會直至有購買能力的消費者。狹義的終端是指商品的零售場所。

終端是購買者實現購買的場所，是銷售管道中最關鍵的神經末梢。

為了準確有效的開發終端、管理終端，便於根據實際情況制定不同的銷售任務和終端工作計劃，所以在做終端調研時必須要有明確的終端分類概念。通常的終端分類是：商場、超市、量販店(大賣場)、士多店(便利店)、批發市場、專業市場、專賣店、店中店、專櫃等。終端分類還可以按照銷量分類、按照重要性分類、按照商店規模分類、按照投入產出比的效率分類、按照安全性進行分類。統一明確的分類、劃級可以便於企業內部稱謂上的溝通、便於終端業務員工作量及業績的均衡考核，也便於界定分銷和直營，使促銷活動有的放矢、便於總部對銷量的統計與分析。

1. 按性質進行分類

特殊終端：批發市場、專業市場、專櫃等；加油站、娛樂場所、餐館、風景旅遊類的特殊門店；團購消費單位、郵購、網上購物等。

2. 按規模分類

A 類店為：5000 平方米以上的大賣場。

B 類店為：2000 平方米以上的大超市、商場。

C 類店為：200 平方米以上的便民店。

D 類店為：10～20 平方米的士多店。

E 類店為：3～5 平方米的零售攤點。

3. 按零售「業態」分類

不同的業態是零售業對目標市場進行細分和選擇的結果。

⑴倉儲式超市是為滿足人們日常生活用品需求的選擇。

⑵現代百貨是為滿足人們追求時尚品位生活需求的選擇。

⑶大型零售業連鎖發展的主要業態為：倉儲式超市、超級市場、傳統百貨、現代百貨、主題商場、購物中心。

⑷便利店是為了滿足人們隨時購買、就近購買的需求。

（二）終端零售店的價值

1. 距離

產品與消費者之間的物理距離和心理距離是相對應的，只有物理距離近了才能逐漸達到心理距離的貼近，只有經常看得到的產品才是消費者最有可能購買的產品。可口可樂公司的行銷 3A 理論：

買得到　　無所不在；

買得起　　物超所值；

樂得買　　情有獨鐘。

2.便利

一般來說，消費者對某種產品和品牌的忠誠度並不十分可靠，他們極有可能因為多花一元(價格問題)或多跑 100 米的路(終端布點問題)，而拋棄您曾經在他身上投入的上萬元「教育經費」(廣告費)，或者在決定購買的最後一刻將現金投入了你競爭對手的錢箱。尤其在快速消費品方面，此類情況最容易發生。因此，讓消費者在最方便和習慣購買的地方看到你的商品，你離成交就會更近一步。可見，終端是接近消費者的最前沿陣地。

3.快捷

終端作為企業產品與消費者直接接觸的場所，還有著快捷的作用。

⑴展示產品、品牌和企業形象的最佳舞台；

⑵開展促銷活動的最理想最有實效的場地；

⑶瞭解消費者需要最直接、真實的第一手資料；

⑷獲取最真實的市場信息(消費者及經銷商的意見、競爭品動態等)，為產品研發、行銷策略調整等決策提供最直接的幫助和依據；

⑸對整個分銷管道形成有力的「反拉」，對中間商(代理商、批發商)形成最有效的鼓勵和幫助；

⑹攔截競爭品的最後也是最有效的防線，又稱「終端封殺」。

（三）構成終端零售店的要素

終端要素是指企業在終端運作中的一般要素。將終端分為軟終端和硬終端。

硬終端主要指終端的硬體設施，如商品、包裝、配件、附件、VI表現、售賣形式(隔櫃售賣、開架自選、體驗銷售、人員直銷)、陳列位置與陳列方式、看板、店招、產品告示、宣傳品(說明書、DM、POP、小報等)、促銷物、輔助展示物(展櫃、冷櫃、專用貨架等)、整潔度、與其他品牌的同類商品(競爭品)的顯著區別等等。

軟終端主要指終端軟體，包括：企業行銷管理水準、終端政策、終端運作規範、人員素養、人員著裝、容貌與舉止、與顧客談話方式、待客態度、與競爭品導購人員的區別、對企業情況及產品知識的瞭解和自信、對行業及競爭品的瞭解分析能力、以及對終端的服務執行和監控能力等等。

在終端零售商開發之前，首先要明確誰是終端開發的主角。常見的方法有二種：

⑴由企業自己開發；

⑵委託經銷商開發；

自主開發和委託開發各有利弊，應該根據企業的自身情況和市場的需要而決定。對於有雄厚的資金和品牌實力，又有豐富的終端運作經驗和培訓能力的企業，如可口可樂，大部份市場是由自己來開發並維護的。而像娃哈哈卻是以委託經銷商開發為主，企業僅是配合和管理，也是非常成功的。經銷商的終端基礎、精耕細作的能力、進場及維護成本，都是考慮委託開發還是直營的重要因素。

一般情況下，銷量大、影響大、SP 活動多；極佳的地理位置，展示和宣傳功能很強；競爭集中、批量較大的專業批發市場；專賣店中的樣板店等重點終端適合於自主開發和管控，至少是重點管控。而其他終端則由經銷商開發，這樣既可以有助於做好品牌的提升和控制，又可以點面結合全面展開。在確定好開發的「主角」之後，則要注意開發工作的操作細節。

三、不同特點的終端店

根據不同的劃分標準，主要將零售店分為以下類型超級終端零售店和傳統終端。

根據規模的大小和商圈運作能力的強弱，我們將終端分為超級終端零售店和傳統終端零售店。超級終端零售店是指那些營業面積和營業額達到一定規模的大型超市、商場、購物中心等購物場所，如沃爾瑪等等。傳統終端零售店的規模往往較小，如便民店、專賣店、小超市、步行街及其他店鋪等。

業務員要針對產品特性而對零售店進行拜訪推銷。

表 1-1　不同類型的終端零售店及其特點

終端類型	特點	適銷產品	受限因素
大賣場	冷藏條件完善，適宜家庭和團購	各類保鮮和常溫產品	門檻較高
連鎖超市	冷藏條件一般，但分佈廣泛	以常溫產品利樂磚為主	保鮮產品有障礙
便利店	新興業態 24 小時經營	保鮮產品 利樂枕、百利包、酸奶類產品	陳列排面很小 靠自然流量 促銷很難開展
食雜店	傳統業態 便利，但沒有冷櫃	乾貨為主	銷量小 價格高
批發市場	傳統管道 分銷主導	常溫產品	發達地區逐漸萎縮
酒店、餐飲店	新興管道 具有高溢價能力	屋頂包 塑瓶	門檻較高 一次性投入大
流動街頭散攤	早晚出現 以當地品牌為主	保鮮奶 乳飲料、杯酸	氣候影響大 操作不規範
煙攤、水攤	較為固定	乳飲料	量很小、價格高
乳品專賣店	區域品牌主導 具有排他性	各類乳製品 保鮮類銷量大	投入成本大
送奶上戶——郵政、報紙、訂奶、	直接到消費者 銷量穩獲利大	保鮮類產品	需冷藏車配送
蛋糕店	新興管道	保鮮和常溫	流量小
學生奶	特殊管道	保鮮產品	對質量要求高 社會敏感度高
特通——航空、鐵路、團購	特殊管道	常溫產品	進入不易
娛樂場所	新興管道	常溫產品	流量小
電子商務	新興管道潛力大	保鮮、常溫品	

表 1-2　常見的零售終端及特徵

類型	特徵
專業商店	產品線窄，花色品種多。比如，服飾商店、運動用品商店、書店和花店。
百貨商店	規模大；商品豐富，能提供多條產品線；商品附加值高；服務項目多。
超級市場	營業面積大；客流量大；品種豐富，低成本，可滿足家庭主婦一次購足需求；自動服務；明碼標價，集中付款。
便利商店	商品相對較少，位於住宅區附近，營業時間長，規模小，品種少；見縫插針，靈活；與老百姓日常生活聯繫最為密切，主要經營日雜用品。
折扣商店	出售標準商品，價格低於一般商店，毛利較低，銷售量大。真正的折扣商店用低價定期地銷售其商品，提供最流行的全國性品牌。
專賣店	經營某一產品線或某一品牌；產品線單一，但花色品種較為齊全，個性化服務；位於商業中心區；以專和精為定位目標；品牌經營。
連鎖店	統一採購、統一售價、統一銷售策略、統一形象、統一宣傳、集中配送；資料匯總查詢等。
倉儲商店	庫存銷售合一；不經過中間環節，從廠家直接進貨；大批量；講究品牌；店堂佈置簡捷；實行會員制自動服務；低成本運營；以經營消耗性、通用性商品為主。
步行街	只允許步行者通過的商業街區，由步行通道和林立兩旁的商店組成；鬆散經營；商品豐富；追求文化、情調，集購物、休閒、旅遊於一體。

四、為何重視終端零售店

小型終端銷售商的地位不如大賣場，但相對中小型企業來說，小型終端星羅棋佈，源多範廣，許多企業抓住小型終端的特點，最終也取得了良好的銷售效果，小型終端在企業銷售中的作用不容忽視。

數量眾多的小型零售終端對產品的市場佔有率往往起著至關重要的作用，它們是否銷售某個品牌的產品，對這個產品的市場佔有率起著至關重要的作用。

在與消費者日常生活緊密相關的快速消費品行業，如飲料、洗滌用品、香煙、調味品、速食麵和小食品等消費品，小型零售終端佔據著相當大的市場比率。尤其在快速消費品市場，小型零售終端更不可替代，仍是其主要銷售管道。

調查顯示，有七成消費者是在超市購買調味品，而在路邊小店購買調味品的也佔到了兩成。由此可見，小型零售終端仍是調味品重要的銷售終端。另外，在食雜店等小型零售終端消費飲料，佔消費者的購買飲料總量的 28%，是消費者較常購買飲料的地方。

做好小型零售終端，對於企業深度分銷、擴大市場佔有率有著重要的意義，特別是中小企業，更應該重視小型零售終端的銷售。相對於大型零售終端，小型零售終端有著獨特的優勢。

1. 便於消費者就近購買

零售店覆蓋的覆蓋面大，可以促進和消費者的高密度接觸，方便消費者就近購買。像小食品、飲料、低檔煙酒、調味品等日用品價格較低、消費頻率高，消費者比較熟悉，消費者在購買這些商品時更多圖的是方便，一般不會捨近求遠，花費太多的精力去超市選購。

2. 可以省去許多費用

超市對各品牌都收取高額的費用，導致企業投入到超市上的行銷費用逐年提高，收益反而下降。而小型零售終端不需要交納進店費、陳列費等，在這種情況下，有些企業選擇了小型零售終端作為主要終端，來銷售自己的產品，結果也收到了良好的銷售效果。

3. 現款交易無貨款風險

大型零售終端基本上都要延付貨款，增加了企業的資金壓力和貨款風險。而零售終端是現金結算，這大大減少了貨款風險，並且也不會過多地佔用企業的有限資金，便於企業更好地開展業務，這對於那些經濟實力一般的供應商更具吸引力。

4. 利潤率相對較高

企業給小型零售終端的供貨價較高，給予的促銷優惠極少，企業雖然送貨成本高，但企業從小型零售終端獲得的毛利遠比大型終端的要高。

5. 有利於產品宣傳

小型零售終端數量眾多，與消費者接觸的密度高，直接針對消費者傳播信息，有的放矢，廣告信息到達率高，時間持久，而且無需廣告發佈費用，是企業做終端宣傳的好場所。

小型零售終端有著不可替代的獨特優勢，所以日益受到眾多快速消費品企業的青睞，並已成為眾多企業建立城市深度分銷網路、提升銷售業績和提高品牌認知度的重要銷售管道，因此抓住小型零售終端的銷售，也是一種極為可行的行銷辦法。

五、如何加強終端銷售商的銷售管理

面對數量眾多、分佈範圍廣的小型零售終端，大部份企業苦於資源有限，感到鞭長莫及，無法對小型終端進行全面覆蓋、有效管理，使得企業對其進行有效覆蓋、控制、管理和服務都存在很多困難。因此，大部份企業的產品在小型零售點的銷售都屬於自然銷售。

例如可口可樂、統一企業都有自己的深度分銷隊伍，它們透過這隻隊伍來和小型零售終端建立良好的客情關係，從而瞭解市場、開拓市場和服務市場，最後佔領市場。這些企業直接建立良好的深度分銷隊伍，對所有小型零售終端進行有效覆蓋，需要長期大規模地投入資金和人力，成本很高，大部份企業的確沒有實力做到這一點。

要解決小型零售終端的銷售難題，企業可以從如下方面著手小型終端的行銷。

1. 扶持批發商間接影響小型終端商

要加強對小型零售終端的控制和服務，以低成本增強對小型終端的深度分銷能力，有一種辦法是<扶持批發商、綁住批發商>，繼而透過批發建立對小型零售終端的服務平台。

如果缺少批發商會產生什麼問題呢？答案是：如果沒有強有力的服務型批發商的跟進，會造成一批商與小型終端之間、企業與小型終端之間管理的脫節；而對小型終端零售商的管理鬆散，容易導致價格混亂、服務不週，會給競爭產品製造進入市場的機會。

透過與批發商簽訂協定，將各處為陣、一盤散沙的批發商納入企業的銷售網路管理範圍，可以增強批發商的歸屬感，形成利益共同體。

與一批商相比，批發商與其存在如下不同：一般來說，一批商與企業之間是有合作協議的，在某種意義上，雙方是一個利益共同體；而批發商往往都是各自為陣的散戶，和企業沒有建立起長期穩定的關係，缺乏合作的堅固基礎。

既然扶持和發展批發商，透過批發商來對小型終端進行深度分銷是個好的辦法，那麼，到底該怎樣做才能綁住批發商呢？對此，可以透過與批發商簽訂協定，將各處為陣、一盤散沙的批發商納入企業的銷售網路管理範圍。透過這種方式，可以增強批發商的歸屬感。在某種意義上說，透過協定的合作和約束，就可以初步形成一個有組織、有計劃的銷售聯盟，雙方也形成了一個利益共同體。

例如啤酒行業，具有這樣的特點，市場容量大、價格低，利潤也低，而零售點很多，又非常分散，各項銷售費用都很高，一般企業不可能自己直接做全部終端，必須透過<批發商>來覆蓋和控制小型零售終端。

由於競爭品的大舉進攻，導致某啤酒企業銷售嚴重下滑。基於嚴峻的形勢，企業採取的對策是：

組建批發聯合體，把批發聯合起來，專售該企業產品，不得經營其他產品。透過給加盟的批發商更高的利潤空間來拉攏批發商，但要求批發商必須繳納風險保證金，而且每個聯合體成員只能在劃定的區域內銷售，不得跨區域銷售。

該啤酒企業就是透過組建批發商聯合體來綁住批發商，繼而控制眾多的小型零售終端的，取得了很好的效果，既控制了市場，又打擊了競爭品牌。

2.借助批發商建立龐大的分銷網路

在以往，許多企業只選一家實力雄厚的客戶做總經銷商，以便在一些區域商場建立銷售管道，這種管道模式在快速消費品企業表現得更為明顯。由於一家經銷通路覆蓋範圍和終端管理能力有限，因此獨家總經銷管道模式有很大的局限性，導致無法對眾多的小型零售終端進行有效覆蓋和精耕細作。

採用同一區域市場多家一批商的密集分銷管道模式，建立龐大而密集的銷售網路體系，可以借助多家一批商的通路能力，控制更多的小型零售終端，更精細化地服務小型零售終端。這不失為一種低成本增強對小型終端的深度分銷能力的辦法。

以啤酒為例，啤酒是一種市場需求量較大的大眾化日常消費品，零售終端多以食雜店、小型餐飲店等小型零售終端為主，點多面廣，而且啤酒是季節性產品，每年只有 5～9 月份這五個月的消費旺季。

如果採用一家總經銷的管道模式，顯然不可能同時覆蓋和管理眾多的小型零售終端，這種管道模式已經不能滿足越來越激烈的市場競爭需要，如果不對這種管道模式進行改革，啤酒企業就會被市場所淘汰。

確實如此，一家總經銷商實力再大，面對整個市場其作用也是非常有限的，往往難於對整個區域市場數量龐大的零售終端進行管理，所以這種管道模式存在很大的局限性，具體表現在：

(1)銷售網路寬度有限。由於總經銷商資金實力和管理能力有限，只能覆蓋一部份批發商和終端零售商，而少量的批發商掌控的終端零售網點數量又是有限的，更多的終端網點無法覆蓋。網路寬度狹窄，就不可避免地損失了相當一部份銷售網路成員。

⑵銷售網路鏈過長。由於總經銷商能力再強，也是有限的，沒有過多的精力去直接做終端，而主要依靠二級甚至三級網路去做終端；許多省級總經銷沒有能力去掌管市級市場，只有在各市再設立批發商，市級批發商又透過三批來覆蓋縣級市場，所以這種管道模式容易造成網路鏈過長，物流不暢，反應遲緩，難以做到對市場的精耕細作。

⑶銷售網路體系穩固性差。由於總經銷難以投入足夠的精力去管理網路，所以批發、三批商與總經銷商的關係往往是鬆散型的，忠誠度較差，遊離性較大，一旦遇到競爭優勢明顯的對手，批發商和三批商就會很容易轉向競爭對手，這樣的管道網路模式穩固性較差。

3.以多種形式在同一區域發展多家經銷商

近年來，許多快速消費品企業都在區域市場實行了管道扁平化的銷售模式，在同一區域市場實行多家經銷商制，以此來增強對小型零售終端的深度分銷能力。同一區域市場採用多家經銷商的銷售模式，常見的有：

⑴細分管道，不同管道選擇不同的經銷商

一個總經銷商如果兼顧多種不同的管道，往往會顧此失彼，不能充分地佔領市場。如果對管道進行細分，不同管道選擇不同的經銷商，則有利於對小型終端進行有效地全面覆蓋。經銷商經營管道的專一化，能使其集中自身的優勢資源，有更好的客情關係、熟悉市場運作流程，對專一管道進行精耕細作，可提高其服務終端售點的能力。

每個產品都可能有幾種不同的銷售管道，不同的管道面向不同的目標消費群體，所以可以細分管道，不同管道選擇不同的經銷商，如飲料企業，就可以同時選擇做超市管道的經銷商、做餐飲管道的經銷商、做風景旅遊管道的經銷商，以及做特殊通路的經銷商。

又如食品企業在選擇做超市管道經銷商的同時，再選擇專做小型零售終端的經銷商，如此就能加強對小型零售終端的深度分銷能力。

⑵細分產品，不同產品選擇不同的經銷商

在同一區域市場按產品的不同品類選擇不同經銷商的管道模式，對經銷商實行分品種包銷，這對產品品種多的企業很適用。

例如旺旺食品在選擇經銷商時，就根據不同的產品選擇不同的經銷商，休閒食品類產品選擇一個經銷商，飲料類產品選擇一個經銷商，這大大增強了其對終端滲透和覆蓋能力。

⑶劃小經銷區域，實行小區域代理制也是一種常見的形式

劃小經銷區域，實行小區域代理制，使一級網路成員由一個變成多個，每一個小區域選擇一家總經銷，可以每個縣甚至每個鎮選一個經銷商，由企業直接供貨，該經銷商負責此區域的產品配送和終端服務，大大提高了對小型終端的深度分銷能力。

企業壓縮經銷商的銷售區域，企業不再需要經銷商做大區代理，而更多的是希望經銷商由過去在一個較大的區域市場內進行分銷，轉向把市場做扎實。這種銷售區域的縮小也將迫使經銷商改變傳統的粗放經營方式，轉變為對有限區域市場的精細化管理和服務。

這樣，就使經銷商在密集分銷、強化終端管理和爭奪終端售點上努力，同時，使網路覆蓋面大大擴大，增強企業對終端市場的控制能力，也使批發商和終端成員利益有更好的保障，開拓市場更有信心。

4.對同一區域市場多家批發商進行有效管理

同一區域市場中多家一批商之間很容易導致管道衝突和發生竄貨，通路價格也難以穩定，為此，可以從如下方面著手，有效對區域市場多家一批商的管道模式進行管理：

⑴要加強各個一批商之間的溝通與合作

經常組織區域市場的一批商開會，讓大家認識到都是同一企業的客戶，一榮俱榮，一損俱損，共同維護好市場才能實現持久的盈利。

⑵要採取有效措施防止一批商之間出現竄貨

一方面，要給每個一批商劃分明確的銷售區域，例如有些企業明確規定一批商管理那些零售終端，不得越區銷售，否則將嚴厲處罰；另一方面，要制定科學的價格政策，派出人員在市場巡視，並嚴格執行，防止因價格政策因素造成竄貨。

⑶要對市場實行動態管理，加強市場監控

小型零售終端是企業進一步提升銷量、深挖市場潛力的重要管道。為此，企業要透過有效的管理，一方面不給經銷商留下任何違規操作的空子，另一方面使經銷商樹立起強烈的大局觀念和長遠觀念，自我約束，誠實經營。

企業要制定詳細嚴密的市場管理制度和處罰條例，區域市場經理和業務人員不但要認真貫徹落實，行銷部門的市場管理人員還要經常深入市場對一線情況進行全面監控，及時發現問題並做公正處理。

零售終端商對消費品企業仍是不可或缺的，小型零售終端是企業進一步提升銷量、深挖市場潛力的重要管道。為此，企業要透過有效的管理，一方面不給經銷商留下任何違規操作的機會，另一方面使經銷商樹立起強烈的大局觀念和長遠觀念，自我約束，誠實經營。

第 2 章

業務員要勤於拜訪轄區

一、有計劃性的執行拜訪商店

能否達成銷售額目標，和如何行動有關；而業務員的業績，又與「拜訪客戶」息息相關。成功的業務高手，都是擁有良好的拜訪客戶計劃，並且加以落實執行。

沒有訂立「工作目標」的業務員，在日常的工作行為上，隨著日子的推移，每天心不在焉地度日，雖然較輕鬆，但到後來浪費過多的時間，造成向客戶拜訪的次數也減少，如此顧客與我們交易的時間也將越來越縮短，或者就是常去拜訪自己所喜歡的客戶，而且固定拜訪的那幾個客戶，每次去的逗留時間，愈來愈長，聊的話題從古至今，就是沒有商品的話題，如此，拜訪時的品質沒有維護，也沒有適當的準備，逗留的時間沒有節制，業績因此愈來愈低，愈來愈不可靠，反而在怪「商品沒有競爭力」「市場不景氣」！

針對此點，筆者建議應對之策是協助部屬做好「目標管理」、「計劃管理」之工作。

公司的業務人員常有「根本不做計劃別」、「聽主管指示才應付性的做計劃，或實際上沒有按照計劃進行」的缺失；同樣的一天工作，「計劃型業務員」和普通業務員的工作心態就不一樣，「只顧拼命奮鬥」和「為清楚的目標而奮鬥」，二者績效必有所不同。同樣工作一天，心中有無「訪問件數目標」、「承購目標」及「重點商品銷售」，其業績自然就差別很多。

有目標的業務員會思考如何計劃、如何執行，以達成目標，例如：「今天的訪問件數雖已達到預定目標，可是承購目標尚未達成，還需多訪問幾家才行……」、「估計每 10 個潛在客戶會成為 1 個交易客戶，因此，平時手中就要保持一定數目的潛在客戶」、「這個月上級業績要求是 80 萬元，因此在月底前至少完成 80 萬，月中完成 50 萬，本月 10 日前完成 25 萬，目前距離 10 日尚有 7 天，我再來要作的工作計劃有……」等。

營業活動亦同，可以月為單位，擬訂行動計劃，再向其挑戰，也可以每週為單位擬訂行動計劃，更可以分開上午下午而擬訂每日的行動計劃。所以，主管要協助部屬訂立目標，要令部屬先擁有「目標意識」去進行，第一步是加強指導部屬的目標意識，其次才是協助建立「拜訪客戶計劃」的工作。

業務人員的工作重點就是拜訪客戶，常會在訪問時遭受挫折，踫釘子，導致信心大失，幹勁全無。事實上「勤訪問，不怕苦」，是各行各業業務員的成功秘訣。

根據日本某機構之調查，例如汽車、縫紉機、人壽保險及事務器材等行業，對顧客訪問次數的統計表(如下表)：

由此表顯示得知，訪問成功的例子，並不是輕而易舉的事，汽車業每六十家才成交一家，縫紉機每十三家成交一家，人壽保險為十八家成交一家，事務器材則為五十四家成交一家，只要推銷員不氣餒，不怕困難，一而再，再而三，總會有成交的機會。

因為在每天工作時間內，實際上的訪問工作僅佔很少的時間，所以事前準備的，健全與否，直接影響了訪問的成功，因此排定「拜訪計劃」，推銷工具與推銷詞句，都應有妥善的計劃。

表 2-1 顧客訪問次數的統計表

訪問情況	汽車	縫紉機	人壽保險	事務器材
每人每月訪問數	234	399	147	390
平均每天訪問數	9	15	5.6	15
開發新顧客訪問數	55	84	36	29
平均每天新戶數	2	3	1.4	1
一天實際工作時數	7	7	7.2	5.4
一天實際訪問時數	3.18	3.35	3.5	2.45
訪問訂貨件數	4	31	8.5	6.5
成功率	1/60	1/13	1/18	1/45

將客戶分級的重點管理，所謂「重點管理」，又稱為「柏拉圖分析法」，主要是區分為三大類：A 類、B 類與 C 類，分別加以管制。假設在臺北地區之客戶或(經銷商)共 20 家，其銷售業績，經過按「銷售額高低」加以排列後，再來是利用「柏拉圖分析法」，加以重點管理，可看出「A 級顧客」「B 級顧客」「C 顧客」，按「ABC 等級」加以「重

點管理」。

表 2-2　客戶別拜訪次數表

客戶 等級	客戶數	銷售額所佔百分比	訪問次數	訪問次數百分比	面談次數	獲得訂單次數
A	8	20%	24	8.66%	12	4
B	27	35%	80	28.88%	60	35
C	59	40%	120	43.32%	97	40
D	26	5%	53	19.14%	35	12
小計	100	100%	277	100%	204	91

分析以上資料，A 級客戶共 9 家，而銷售額高達 20%，訪問次數只佔總訪問次數的 8.66%：拜訪 D 級客戶的比率達 19.14%，銷售額卻只有 5%，不合乎效率管理原則，應加強 A 級客戶的訪問計劃。在 277 個訪問次數中，僅有 204 獲得面談，顯示事前接洽工作不夠充分，且其中僅 91 次獲得訂單，與年度業務目標相比較，表示應加強努力程度，與改善推銷技巧。另外每個月 25 個工作天要進行 277 次訪問，平均每天訪問 11.08 個客戶，工作壓力吃重，故進行工作盤點，調整營業範圍，將訪問計劃改為：

表 2-3　客戶別拜訪次數表

客戶 等級	訪問次數	客戶數	平均每月每戶訪問的次數	訪問次數百分比	銷售額所佔百分比
A	42	8	5.25	16.8%	20%
B	95	27	3.25	38%	35%
C	100	39	2.56	40%	40%
D	13	26	0.5	5.2%	5%
小計	250	100	2.5	100%	100%

業務人員的目標管理，其工作可概分為：企業營運目標的分攤、主管對業務人員的目標跟催、業務人員的落實執行目標工作。要落實目標工作，必須先將「業務員行動」予以計劃性執行，而主管要協助部屬事先編訂每月的「拜訪計劃表」，其編訂方法如下：

1. 首先確定當月內可能拜訪客戶的日期。扣除假日、節日、商品展售日、銷售參觀日、開會及其它已決定日期的工作日，所剩下的就是該月之內能拜訪客的日子。

2. 根據轄區內客戶性質、銷售業績、重要程度等，依「ABC 重點管理法」，分別寫下對每一客戶/經銷店該月預定拜訪次數。

首先將經銷商品分為 A 級、B 級、C 級，各等級經銷商預計擬每月拜訪次數分別為 4 次、3 次、1 次，假設每次拜訪活動的面對面洽談時間是 20 分、60 分不等，如此，可計算出總拜訪次數，總拜訪洽談時間，再加上「閒談的寬裕時間」為「預計所花費的拜訪時間」，它的計算方式如下：

⑴每天的總勤務時間應該正常，以 8 小時為宜。

⑵實際商談時間比率應以全天之 45%為目標。

⑶訪問次數可以月為單位，並以星期六為內部事務調整日，因此每位推銷員，每週出外工作共有 5 天。

⑷實現預想商談時間：1 天 8 小時×0.45×22 天＝4752 分

⑸實現商談時間

表 2-4　拜訪客戶計劃時間計算表

項目 ＼ 顧客等級		A	B	C	合計
計算步驟	店數1	8家	18家	24家	50家
	訪問次數2	每月4次	每月3次	每月1次	
	商談時間3	60分	30分	20分	
	每月訪問總次數 4＝1×2	32次	54次	24次	110回
每月商談時間總計 5＝3×4		1920	1620	480分	4020
實現預想商談時間6		………………			4752
商談閒暇時間 7＝6－5		………………			732分

3. 以週為單位加以規劃拜訪客戶之計劃日期。在作業上，要以週為單位加以規劃，預先排定拜訪客戶的日期，當然，在實務上，可能因中途的銷售進展狀況，而變更預計拜訪行動，等一週過後，充分檢討其行動內容，再考慮下週應以那些客戶為重點，而擬訂計劃。當業務人員無法在預定的日期拜訪時，就必須在另外日期加以完成。就算拜訪客戶的日期有偏差，而當初的每個月拜訪不同客戶的目標次數，也絕對要達成，不可隨意減少拜訪的次數。

二、要落實拜訪工作的執行

必須記錄、反省、檢討行動的結果。譬如：「一個月內總拜訪的客戶數」、「不同客戶的拜訪次數」、「拜訪的日期間隔」、「為何不能照計劃進行拜訪」、「是否有遺漏」、「是否只拜訪自己較方便前往的客戶（對於不方便前往的客戶敬而遠之）」等等；筆者提醒你一個成功法則：「不檢討、不下班」、「不計劃、不上班」，除了月底的檢討，更要注重「中間進度」的檢討。

若只是隔月反省、檢討整個月內的銷售活動之結果，根本毫無意義。因為，這時一切銷售活動已經結束了。業務員都應記錄每天行動的結果。能在每個月內每天反省、檢討，並且修正下次行動，不只績效高，自己也會保持充沛的鬥志。

針對業務員的每月「拜訪計劃」，主管在心態上應「督促」部屬編排「每月拜訪計劃表」，在業務上應「協助」部屬完成拜訪計劃表，並於執行結束時加以「檢討」改善。

例如主管應督導業務員做好「每天進度檢查」：

①是否按照原定進度，完成拜訪客戶工作？（若沒有，業務員應思考如何補足？）

②是否完成今天的銷售目標？（是否瞭解今天的銷售目標，包括何種產品多少數量呢？如果實績不足，如何補足差異？）

③是否協助經銷店陳列店面呢？（有產品翻堆否？陳列夠不夠？說明書與 POP 有否張貼？）

④是否有備妥與經銷商接洽的話題？

⑤今天，我給經銷商的形象如何？（有何需要改善之處）

業務員負責在其轄區內的各個客戶，各級主管不只要督促業務員的拜訪戶；對於該業務員的重要客戶、大客戶、難纏客戶，均要抽時間與業務員一起拜訪該客戶。

表 2-5　每月拜訪頻率表

項目／級別	營業人員		組長	課長	經理	總經理
	訪問	電話				
A級	每月1次	每月2、3次	每月1次	1～2月1次	半年1次	1年1次
B級	每月2次	每月1～2次	1～2月1次	2～3月1次	6～12月1次	有必要性時
C級	每月1次	每月1次	有必要時	有必要時		
D級	有順路時每月1次	每月1次				

三、確定拜訪零售商的目的後，檢查你的工作

每位業務員都必須盡可能地增加和準客戶面對面的接觸時間，並且確認您接觸、商談的對象是正確的推銷對象，否則您這次拜訪所耗費的時間都是不具生產力的。

你的第一步就是檢查你當天的行動計劃，如這計劃未經預先制定好，則應花一點時間來制定你的日程和目標。

首先要建立區域地圖，明確區域範圍和拜訪路線。其次，完成必要的書面準備工作(如定貨單)。然後，檢查終端定貨及送達情況。再後，利用《每日訪問報告》，確定每日訪問的目標。

- 建立路線表。
- 每日拜訪終端客戶數，普通終端每日不得少於 50 家，特殊通路或旺鋪不得少於 10 家，超級終端不得少於 2 家。
- 確定你的訪問目的(所要求的訪問數目)。
- 正確使用 2：8 法則，明確重點終端的拜訪計劃：旺點、繁華

商業區、熱銷商店、校園小店、風景點等。

· 對每一個終端，確定你的目標銷售數量。

· 明確各類終端的不同拜訪特點。

· 對每一終端的庫存、銷售管道順暢程度、貨架陳列、POP 張貼的改進計劃。

確定並準備所需的銷售和售點促銷材料(如計算器、廣告紙、裁紙刀、覆蓋計劃、終端資料、訂單、每日訪問報告等)。最後，出發去拜訪轄區經銷店、客戶。

在進入商店前，覆查一下你的計劃和目的。翻閱訪問本，對一些關鍵的資訊如買主的姓名、終端的需求、限制以及機會等等，加深一下記憶。

四、赴店的工作目標

(一)商店檢查

在進入商店時，向商店人員問好。讓店主知道，你打算看一下本公司的產品。

1. 檢查銷售情況。記下貨架上你的品牌及規格的銷售情況，注意那些品牌和規格商店沒有存貨。

2. 檢查貨架擺設。按照公司的零售標準，評估本公司產品貨架上的位置、空間和排列情況。

3. 檢查定價。將商店售價與本公司零售價相對照，維護正常的價格秩序。

4. 檢查售點促銷情況。觀察商店的售點促銷活動和陳列，找出可以用來建立與本公司產品可能有邏輯聯繫的售點促銷機會。留意更多的陳列位置和張貼宣傳畫的位置。

5. 檢查競爭情況。記下競爭對手產品在貨架上所佔的空間；要警惕競爭性陳列或任何特殊的競爭活動。

6. 檢查存貨和脫銷情況。檢查存貨時，要尋找倉庫是否有存貨但貨架上已銷光的產品，如發現有，你就必須安排把它放在貨架上，或者自己親自來放。如果零售店主瞭解到你準確地記錄了他的實際庫存量，你建議他訂貨的時候，他對這一建議的信心會大大增強。

（二）銷售介紹

為了確保你的零售店主聽你的「說服性推銷演示」，要創造出一種氣氛，使他心理上處於一種接收的狀態。要求做到的幾點技巧：

1. 以有禮貌的態度走近買主。

2. 讚揚終端對商店有了任何值得注意的改善和提高，或商店裏辦了一個很出色陳列，一定要加以評論，表示讚賞，而且要做到這些讚揚是誠摯的。

3. 要保持終端注意力不被分散。只要可能，談話應當在儲藏室或在辦公室中進行，以避開商店裏的干擾，從而不會分散注意力，如果買主正在和他的一位顧客談話，或正在清點現款，則不要打擾他。

4. 簡要介紹本公司產品與競爭品相比較的優勢和特點，重點介紹你想推銷的產品。

（三）完成訂單

在檢查商店的基礎上，對終端零售店的銷售、庫存等有了完整的瞭解，結合來拜訪商店的初始目標，經過調整，定出新的最後計劃報給店主，並要求簽字認可。

（四）記錄和報告

1. 在離開商店前，你應當記錄下這次訪問的細節。

2. 再訪問，要寫入下次拜訪的目的、經銷商新資料等。

3. 在《每日訪問報告》上對照你的目標記錄下所獲得的結果。

五、運用《標準推銷話術》來提升業績

業務部門為加強銷售技巧，有必要對業務員加以教育訓練，而「標準推銷話術」的功能，不只能使業務員銷售技巧更純熟，更能整體提升整個業務團隊的推銷水準，確保公司的業績。作者擔任行銷顧問師，發覺業務團隊總有幾位業務員的口才超利害，若能整個團隊都會這這套技巧，豈不是太棒呢！

（一）標準推銷話術的重要

對業務人員而言，「說話」是一項武器，業務人員如果不善於表達，說話不順暢，說話抓不到重點，甚至於說錯話，客戶會認為「這個業務員可能對自己所推銷的商品沒有信心」，到最後，銷售效率一定會降下來，影響到業績，因此業務部門為提高銷售業績，有必要對所屬業務部門加以教育訓練，使推銷技巧更純熟，而針對欲推銷之商品更應設計一套推銷技巧，使業務員、店員的推銷話術更容易發揮效果。

對主管而言，有效的推銷語術，不只提高業務員(店員)的銷售能力，在人事異動頻繁時，借著一套標準的推銷話術，能使「新兵」(新進業務員)立即派上用途，此功能令經營者、高階主管更加欣喜。

企業欲提高績效，依照顧問師的心得，最有效的便是「執行標準化的推銷話術，將業務員的推銷話術更標準化，不只是提升業務員能力，更使推銷素質均衡發展，以達到公司的一致化目標」。

有效的標準推銷話術是產生利潤的最佳工具，可以建立與客戶的良好人群關係，培養為公司客戶，更進而自動推介本公司產品。

推銷話術有多種，至少包括：商品介紹、拒絕的服務、抱怨的處理，新產品的鋪貨等，推銷技巧是針對不同客戶應有不同的因應之道，惟基本上要先備妥「標準推銷話術」，熟能生巧，面對不因客戶時，自然應用自如。

（二）促銷活動的標準推銷話術

例如公司為鼓勵經銷商多進貨，於夏季針對經銷商舉辦「喝啤酒比賽」，會場有各種趣味活動與大量贈品，凡是進貨達規定者，即送招待券一張請其參加。

為訓練業務員鼓勵經銷商能多進貨，並且參加「喝啤酒比賽」，公司內部先展開推銷話術說服技巧之訓練，並編印「標準推銷話術」供業務員參考。

1. 先鼓勵經銷商「參加活動」，待其同意後，再推動「鼓勵多進貨」的標準話術。

問：參加啤酒比賽有什麼好處？(有什麼趣味)

答：好處多了，第一接受我們的豪華款宴，還有參觀新奇刺激的啤酒比賽，光這就值回票值了。第二贈送您襯衫 2 件約值 1200 元，第三是贈獎最少都有瓦斯爐一台市價 4000 元，你說這樣多的好處和趣味，是不是有吃有捉(閩南語)。

問：我不會喝酒沒興趣參加。

答：您不會喝酒也沒關係，您在接受我們豪華款宴同時可大開眼界，在清歌妙舞中欣賞這場國內規模最大，難得一見的喝酒比賽，同時又可和同行好友，共話家常，可說真是難得的好機會。

問：價錢這麼貴，等於自己請自己，不想參加！

答：老闆！您的想法和××煤氣行老闆一樣，其實在本公司顧問向他說明後，他感覺實在便宜，所以後來決定參加，您看這個價錢會貴嗎？

2.一旦經銷商同意參加「喝啤酒比賽」，第二步是針對經銷商老闆可能有「塞貨」、「品質」、「獎金」、「庫存量」等，一一加以破解說服。

問：我這裏其他牌子那麼多，不喜歡再進別牌。

答：牌子多，並沒關係，多一種牌子是給消費者多一個選擇的機會，如果你將來發現有某牌子不好銷的話，還可以不要銷售，所以不差。多一種牌子就是多一份力量呀！

問：別牌子庫存很多，等銷出一些後再考慮進貨。

答：是啦！雖然您的庫存不少，但由於我們連續不停的做廣告，所以一定有很多顧客來指名購買，假如您沒進貨，您豈不是又白白的失去不少的顧客？

問：「客人要貨時，再向你叫貨。」

答：「店裏陳列本牌商品，可提高您的店格，而且現在配合廣告宣傳暢銷，等到臨時向本公司叫貨時，就會耽誤時間了。」

問：「每台的銷售獎勵金太少了！」

答：「本牌的品質好，信譽佳，價格合理，銷路快，雖然利潤比別牌稍為少一些，但週轉快，節省您的資金，算起來更划算」、「本牌商品有信譽，老客戶會源源不斷向您買各種貨品，算起來你利潤更高。」

問：貴公司的產品，品質不好，不想進貨。

答：這是誤會，本公司的品管是非常嚴格的，不過話說回來，每一種機械都有毛病，一台數億元的噴射客機常都會失事，何況這，一台三、四仟元的產品，但這沒關係，因本公司的售後服務是勤快的，這您是最清楚的。

問：貴公司存貨還那麼多，不想進貨。

答：不過話說回來，貨品排愈多愈表示您的財力和信譽，且愈會吸引消費者，引起他的挑選的購買欲，所以還是再進一些，因為存貨多，這是沒關係的。

（三）標準推銷話術的製作

推銷話術的高明與否，因人而異，而且業務員彼此也有不同的推銷話術，就公司立場而言，經過業務員實際演練後的高明推銷話術，應該加以保存，形成「標準化」，並將此標準化的推銷話術，運用到整個業務團隊上。

依照筆者歷年的行銷輔導經驗，替若干企業撰寫新產品上市的標準推銷話術，確信「標準推銷話術」的推動，可以迅速提升業務部門的績效、營業員的素質。

企業內部應如何製作「標準推銷話術」呢？筆者指導企業的過程介紹如下：

表 2-6　推銷話術檢核表

審核要點		評語欄	
		是	否
招呼階段	是否能夠以自然的笑容和對方打招呼以便取得好感？		
	能否由輕鬆的話題開場，以便緩和當時的氣氛？		
	能否順利地導入本題？		
展示與說明階段	能否應顧客的要求順利地做好產品的說明？		
	能否應顧客的要求，確切地掌握到訴求的重點？		
	能否有效地運用產品目錄及樣本來做好產品的說明？		
	能否巧妙地把成功實例帶入話題，以增加說服的效果？		
	能否做到偶爾讓對方開口，而使自己扮演聽者的角色进呢？		
	能否引導對方發問而讓自己做適當的回答呢？		
	能否巧妙地應對對方的拒絕，做進一步的說服工作呢？		
	能否巧妙的找時機提出產品的價格呢？		
	能否巧妙地消弭對方對於價格的抗拒感嗎？		
締結階段	能否伺機嘗試締結成交呢？		
	能否在適當的時機作結論，推到締結階段嗎？		
	能否設法讓對方感受到決定購買的快感嗎？		
	能否為自己留下再次拜訪的後路呢？(尤其在遭到拒絕的情況時)		
	告退時能否做到給對方留下好的印象呢？		
整體作業技巧	措辭、音量、講話的速度種種方面是否適度合宜？		
	與對方洽談時的走位、姿勢，體態，視線等等是否週到無虞呢？		

<註>業務員每次拜訪、推銷客戶完畢後，應立刻檢討改進，以期許自我的進步。

1. 集合推銷員，把客戶時常提出的各式問題，加以匯總，這當中包括「常碰到之問題」、「罕見之問題」等。

2. 將問題匯總後加以分類，列出共同的類別，並分析其嚴重性的程度。

3. 篩選出「重要之問題」「常碰到之問題」，數量不必太多(約 5-20 題)，列為業務員在拜訪推銷時碰到之難題，針對此點，製作最理想的「標準推銷話術」，加以因應。

4. 針對此常碰到之問題，舉辦「腦力激蕩術」，以尋求理想的回答方式，即「標準推銷話術」。

5. 由專責行銷企劃員編制標準話術或徵求內部提出。

6. 盡速編制推銷標準話術，並印刷成書面文字。

7. 以角色扮演法，令全體人員受訓或觀模，並時常加以修正(補充)標準話術教材內容。

8. 要求業務人員多加演練，假設各種情景，運用「標準話術」，以便純熟運用「標準推銷話術」

（四）標準推銷話術的推廣

主管為提升業務部的販賣力，常安排年度教育訓練工作，以強化銷售技巧，更要製作標準化的推銷話術。經過精心策劃的「標準推銷話術」，一旦製作成功，下一個步驟是如何令業務人員熟悉運用，以發揮效果。標準推銷話術的推廣，建議其方式如下：

1. 利用角色模擬法，定期演練，務其能應變熟練。

2. 在內部刊物上徵求，並以贈獎方式激發其興趣。

3. 在各營業所或分公司的朝會中辦理，每日一個，針對一個「異議主題」，舉行話術推廣比賽。

4. 在朝會中由主管主持簡單的角色扮演，利用短短數分鐘，每日一則加以演練。

5. 以大海報的方式書寫各則重要話術，利用朝會大聲朗誦，久而久之，便能隨時朗朗上口。

6. 定期教育訓練，並舉行書面的簡易測驗。

7. 時常以社內刊物徵求答案，並予以贈獎。

表 2-7　銷售話術的收集

各位業務員：

你好，為編制強有力的商品推銷話術以提升業績，請各位提供寶貴經驗，將大家平日最常碰到、最感到頭痛的客戶問題，予以列出，用大家的智慧來克服以便開創更豐富的業績。

祝財源廣進！

NO	分類	在業務上最頭痛、最常碰到………等問題	備註
1	品質		
2	價格		
3	售後服務		
4	造型		
5	票期		
6	其他		

表 2-8　業務員推銷話術訓練的內部考試

〈推銷話術〉考試卷

評分員：

得　分：　　　　　　　　學員姓名：

總　分：＿＿＿＿＿　　　第＿＿＿次考試

NO	客戶反應的問題	您的應對話術
1	太貴了，我不要進貨	第一型： 第二型：
2	別家票期可以延到 3 個月	第一型： 第二型：
3	你們對消費者的保證服務期間怎麼只有半年而已呢？	第一型： 第二型：
4	太太不在，我要和太太商量！	第一型： 第二型：
5	店內存貨還很多！	第一型： 第二型：
6	沒聽說過這種產品！	第一型： 第二型：

六、業務員如何達成目標銷售額

業務部要運用目標管理技巧，配合公司的行銷策略與整體目標，逐一分派責任目標，並設定對策，加以落實執行，以達成責任銷售額目標。

每個公司在經營政策上，一定會訂定預定之銷售額目標，為了達到預定銷售額目標，也往往將這重任交賦予業務單位及業務人員，因此，如何分配銷售額、達成目標銷售額，是營業員必須重視的問題。

業務部承接公司目標銷售額，並加以分配到各個營業單位、各個業務員，必須先擬定「分配目標銷售額」之原則，再利用種種方法，加以順序往下分配，形成「責任目標額」。

（一）分配「目標銷售額」的方法

企業如何達成「目標銷售額」，首先是先要分配自己的銷售額。具體的分配方法有多種，要考慮到全年度的淡旺季，地區不同的特性，人員別與商品別的責任額度等，形成「責任額」，必須綜合考慮，不能只單獨設定其中一種方法。

業務部分配目標銷售額的具體方法，有如下數種方法：

1. 根據月份別(期別)分配

將年度目標銷售額，純粹分配到一年十二個月或四季中，如此，由十二個月或四季來分攤目標銷售額。

月份別分配銷售額，對於單一業務員來說，是一種較不受歡迎之方法。完全忽略了業務員所擁有地區之大小，及客戶多寡之問題，只注重目標銷售額之達成，如此，業務員對於自己所分配之銷售額，不但不感興趣，同時對於銷售額努力達成信心不佳，那麼商品之銷售，將無法達到預期之目標，則失去分配銷售額之意義。但月份別分配銷售額之優點，公司當局，較易掌握年預定銷售額目標，同時對於所分配給業務員之月(或期)責任銷售額，也較易於達成，這是目前公司所樂於採用之方法。

圖 2-1　目標銷售額分配

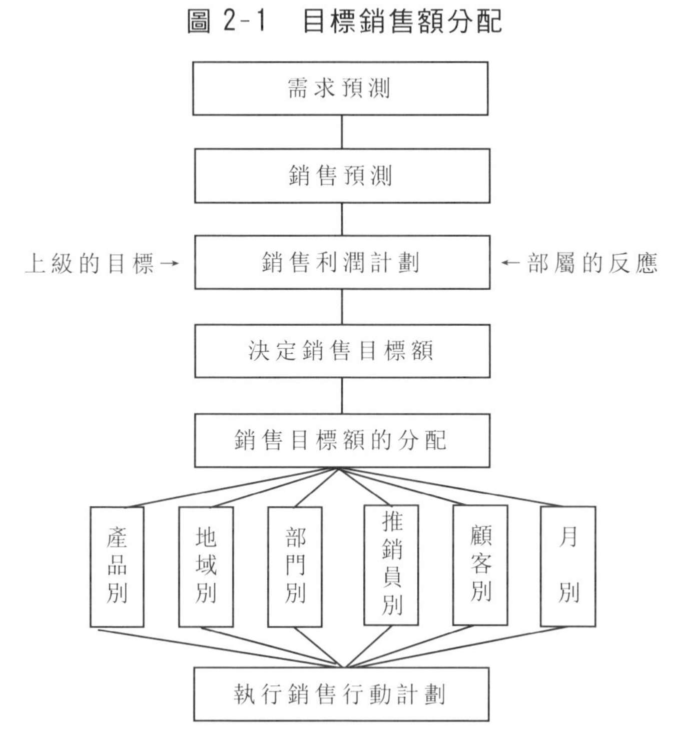

改進之方法是公司當局應將月別分配方法，再加上配合推銷地區，或顧客別、商品別分配之特性，將目標銷售額，分攤給各業務員負責，如此，業務員之銷售目標，在兩種方法之配合之下，當更努力，

達成目標。

2.根據地區別分配

所謂推銷地區別分配目標銷售額，是指在分配銷售額時，純粹依業務員所擁有銷售地區之大小，及潛在客戶多寡之問題，加以訂定分配各業務人員所應負責之銷售額。

推銷地區別分配銷售額之方法，其優點及在於充分運用推銷地區之價值，並發掘推銷地區內所潛在之客戶，使商品在消費市場上之佔有率能逐日提高，因此，較易為業務人員所接受。但是它的缺點，是如何去判定推銷地區內所需消費商品數量，及如何去判定推銷地區內，潛在之消費能力。這的確是一項相當困擾的問題。

針對推銷地區別分配銷售額的問題，是在分配目標銷售額時，應考慮推銷地區內之人口戶數、經濟狀況、生活水準及顧客之消費能力，如此才能瞭解推銷地區內客戶之消費能力趨向，及客戶潛在之能力，如此，對於所分配給業務員之銷售額，也較趨向於公平合理。

3.根據商品別分配

客戶很容易受其他商品推銷之影響，以致改變消費需求性，如此，對於所訂定分配之銷售額，較易失去其價值性，那麼業務員要達成所分配之銷售額，將是一件相當困難的事情。因此，企業依照商品別分配銷售額時，所易發生之問題點，就如何去判定消費市場及客戶，對於商品消費需求性之高低，及應如何杜絕(或減少)因消費需求性之移轉，而直接性地影響到預定銷售額目標之達成。

針對商品別分配銷售額方法之問題，最主要的途徑，就是主管要實施地區性市場抽查工作，以瞭解地區性消費者對於商品之看法，隨時將市場之消費趨向傳遞給公司，如此，才能控制消費市場，對商品需求性之變化情況，並瞭解本單位承擔的目標銷售額，如何正確分配到業務員身上。

4.根據客戶別分配

所謂客戶別分配目標銷售額，是指企業分配目標銷售時，純粹依客戶數之多寡，及客戶性質之要素，而加以決定之。他的優點在於依客戶導向，因為客戶之多寡及消費程度，對於商品銷售目標達成與否，有直接性的影響，依照此因素而分配銷售額，業務員也較易於達成。它的缺點，是業務員會疏於開發新客戶，及開發準客戶之存在。

針對客戶別分配目標銷售額之問題，要深入瞭解產品在該市場的接受度，市場空間的成長性，開發出新經銷店的可能性，開發新使用客戶的指導作法。

表 2-9　月份別銷售目標計劃

月份 / 產品	1	2	3	4	5	6	7	8	9	10	11	12	合計
產品A	18	12	10	10	10	10	10	10	10	14	16	30	160
產品B	8	2	0	0	0	0	0	0	2	2	4	16	34
產品C	2	2	2	0	0	0	0	0	0	2	2	4	14
合計	28	16	12	10	10	10	10	10	12	18	22	50	208

表 2-10　地區別銷售目標計劃

單位 \ 產品	內銷			外銷	小計
	臺北	台中	台南		
產品A	200	100	100	128	528
產品B	70	60	20	100	250
產品C	20	20	10	60	110
合計	290	180	130	288	888

表 2-11　產品別銷售目標計劃

年度 \ 產品	2012年		2013年預計		成長率
	數量	金額	數量	金額	
A產品系列	750	225	888	266.4	18%
B產品系列	420	126	525	157.5	25%
C產品系列	90	27	99	29.7	10%
合計	1260	378	1512	453.6	20%

表 2-12　經銷店(客戶別)銷售目標計劃

業績 \ 產品	3　月			
	○○店	○○店	○○店	○○店
	目標額/實績額	目標額/實績額	目標額/實績額	目標額/實績額
電鋸機				
鑽孔機				
電動工具機				
當月累計				

（二）執行「目標銷售額」的方法

公司的目標銷售額經過分配後，業務員應瞭解到自己的「責任銷售額」，而該「責任銷售額」又以各種形態加以表現，例如「在第一個月內甲產品應賣出○○數量，其中包括○○店應賣○○數量，○○店應賣○○數量」，針對這個目標再訂立行動計劃。

計劃安排妥當之後，下一工作就是執行，執行結果必須加以評估，修正後又重新計劃，再度執行；因此，若無加以「執行」，計劃會淪為「紙上談兵」。

企業為達成計劃，必須強調「過程管理」，以「年度銷售目標」而言，若到年底才清算實際達成狀況，總有「時不我予」的遺憾！「過程管理」強調將工作拆開，縮小管理週期、管理幅度。例如，一年12個月，故一年業績檢討，改為「逐月檢討」；而每個月業績的檢討，有眾多產品混雜其內，無法區分優劣，故將每個月的業績檢討又依產品別加以區分；業務團隊人數眾多，也必須區分每個人的優勝劣敗，加以獎懲；又為了提升管理效果，原來每個月的個人業績評估，可能縮短改為每半個月評估一次，雖然相對耗費更多時間、成本，但優點是保持機動性，瞭解達成的過程，可隨時加以跟催改善。

1. 有每日、每週的業績，才能創造每月的銷售業績。只要每日有按照計劃的執行，必可獲得當日的業績，逐日加總即可成當月業績。將每日的目標計劃數字累計起來即成為月目標計劃數字。因此，其計算方式是：月目標計劃數字÷當月的實際營業日數＝每一日的目標計劃數字。

每日的檢查，即是為了時時檢討營業員的狀況，瞭解每日實績與每日目標的差距，為了達成目標，主管應督促業務員，並堅持下去。

每日的業務活動檢查，能夠確實地實施，可對業務員製造緊張感，尤其對新手，更有監督作用。

2. 週檢查，一個月實施四次，對於該月的業績推進管理上，有重要的價值。

銷售計劃以週為單位加以分割，但其方法並非以月成績除以四的實際數字來計算，而是以第一週佔月計劃的 15%，第二週累計 40%，第三週累計 70%，第四週 100%等比例來分配。

週檢查要召集各業務員開會。它不像月檢查般有強烈的反省意識。

相反地週檢查要具有臨場感，在管理者的領導下，能提升營業員的鬥志，使得管理者根據每週的檢查，能夠成為隔週的業務執行建議。

3. 每個月的銷售情形，告一個段落，將當月的實際績效加以檢討評估，在「業績報告會議」上，提報主管審核。

每月的業務活動檢查，應列出重點評估項目，例如「銷售目標達成率」，業務員或業務主管均應提出「達成率若干」、「原因為何」、「下個月計劃達成狀況」，

將經銷店依 A、B、C 重點管理原則，並按經銷店目標銷售額分配計劃擬出「訪問日程計劃」：

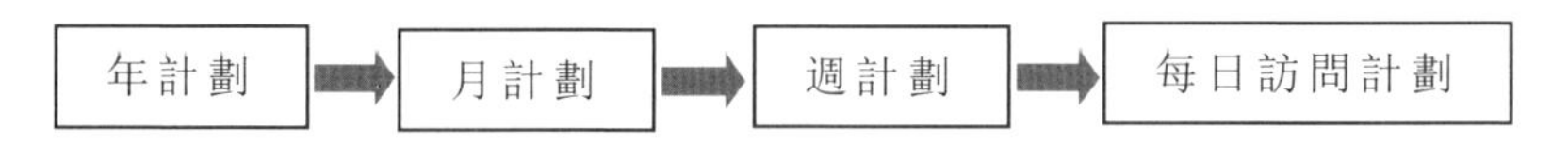

依據「過去實績」及「市場特性」來決定每月的可能訪問次數、訪問戶數，以及每個客戶的訪問頻率。

例如將客戶按重點管理原則，區分為老客戶與潛在客戶：

⑴每月拜訪 20 家。 ⑵每月開拓 3 家成功。

表 2-13　拜訪老客戶頻率

客戶別	家數	頻率	訪問次數
A 級客戶………	8 ×	4	＝32
B 級客戶………	15×	2	＝30
C 級客戶………	32×	1.2	＝38
	55×	1.8	＝100
每月訪問次數 100 次			

（三）建立個人挑戰目標

瞭解上級要求本單位達成之目標，並自我挑戰，努力執行對自己有期許的目標，並且落實個人目標銷售額到經銷店(客戶)目標銷售額。

表 2-14　業務員對各產品的挑戰目標

單位：業務二課

產品別＼人員		萬華區		松山區	中山區	合計
		吳建國	李大忠	小黑	李建明	
產品甲	配額	80	40	20	200	216
	挑戰	85	45	23		
產品乙	配額	17	25	15	70	84
	挑戰	20	30	19		
產品丙	配額	7	3	3	20	28
	挑戰	10	5	4		

各業務員將各產品月份應達成的銷售額、依責任區內的各經銷店性質、過去實績、市場特性，加以分配其目標銷售額，未來更可依目標額與實績額加以比較，以檢討績效。(如下表)

表 2-15　經銷店的目標與實績

業績 / 產品	3　月		
	○○店	○○店	○○店
	目標額/實績額	目標額/實績額	目標額/實績額
電鋸機			
鑽孔機			
電動工具機			
當月累計			

（四）跟催「目標銷售額」的達成狀況

業務員對實際業績必須加以瞭解與關心，並分割時間，加以督促，例如按「日、週、月」為單位來檢討目標銷售額計劃的進度，比較實績與目標值，並依產品別、部門別、地域別、客戶別進行銷售控制，分析差異所在，將檢討成果回饋到下個銷售行動，以得知「今後應如何達成目標」，業務主管並應利用「業務會議」「本月銷售報告會議」等機會，加以督促部屬。

第3章

業務員要懂得推銷

一、業務部要配合公司的促銷活動

公司所舉辦的各式促銷活動，要獲取效果，就要取得業務部同仁的鼎力配合。

促銷活動必須獲得業務部門的全力配合，如果公司的業務部其編組分為廣告課、促銷課及營業課，而企劃及推行促銷活動的負責部門是屬於促銷課時，該促銷課首先就要與廣告課取得聯繫。儘管利用大眾傳播的廣告效果，已經相對地降低了，但要廣泛讓消費者或經銷店獲知舉行促銷活動的事實，仍須依靠大眾傳播的廣告方式，且由廣告與促銷活動的共同作業，才能期求更進一步的卓越效果。

促銷課與營業課的聯繫工作至關重要。由促銷課企劃起草的促銷活動，若沒有營業課的協助就無法推行，只有獲得營業課的同心協助，才能開展促銷活動。同時設計優良的促銷活動，無疑仍會加強營業課的營業力量，如要達到這個境地，即須由兩個部門互相溝通意見，並建立合作、支持的制度。

因此，企業所推動的促銷，必須要整合公司內外各種可用的資源，尤其要獲得營業單位各位營業同仁的鼎力襄助。

（一）收集情報

公司在執行促銷時，不論是「事前的規劃」或「執行中的管制」，「收集情報」均是重要的一環，業務部門更要透過在第一線的經營，接近市場與客戶，隨時將收集來的情報予以回饋到公司總部。

關於應收集那一些情報，並如何去收集這些情報，需要慎加研究。說明如下：

1. 關於消費者的要求、不滿或批評，銷售店的陳列、推薦販賣的狀況，對 POP、海報、廣告招牌的利用情形，消費者的反應或其他競爭公司的反應等情形，經由業務員訪問各銷售店，與主要負責人面談，或巡視各銷售店，收集必要的情報。這個時候，應該讓業務員徹底明瞭：究竟需要收集那些情報？如果僅憑個人的好惡，收來一些零碎不全的情報，往往無法當作數據使用，所以盡可能統一調查的項目，並編制簡單的表格方便業務員攜帶，以便其隨時做記錄。

業務員將參考這份表格搜集情報，但在搜集過程中，盡可能避免使經銷店有一種被調查的感覺，在閒談中適當的插進調查的項目，打聽真正的狀況。因此在未訪問以前，事先要準備問答的項目，約略擬定一下進行談話的步驟，避免在閒談中忘掉想要打聽之事項。至於在一次訪問中，所能打聽的項目是有限度的，不要貪心想一次問出許多事項，應該分別從多次訪問中逐次探詢想要確知的事項。

2. 業務部門將所搜集來的情報，按照地區別、產品別、經銷店別加以適當的分類，具體的填入「工作日報表」內，或是利用營業會議時，予以提出報告，借著提供第一線最原始的情報，令業務部主管、促銷部門主管掌握市場銷售的訊息。

（二）對「促銷商品」深入瞭解

企業推動促銷時，勢必會針對某項特定產品，例如「5 月份全力促銷冷氣機」，若業務員對公司銷售的商品知識不正確或不夠充分，將無法對經銷店做有效的商品說明，也很難獲得成功的銷售。

作者擔任家電公司的業務主管，當公司有特定狀況，如「新產品上市」,「舉辦大型促銷活動」,「舉辦大型業務競賽」時，可召開針對特定主題的「推銷研習會」。

新產品上市之前的「推銷研習會」，主要是針對新產品性能，功效，銷售技巧加以仔細說明，並傳授對經銷商說服最有利的銷售話術,不只可提升業務員的銷售能力,更可確保新產品上市販賣的成功。

推銷研習會必須針對特定組群，為了達成特定的目標而精心設計，這個目標可能是介紹公司的新產品、宣導公司的政策及措施，宣佈公司下年度的促銷活動計劃、鼓舞士氣等。研習會需依循明確的程序進行，新數據或意見必須在籌劃階段即予準備齊全。研習會的開始和結束也需按事先排定的時間，重要意見和建議事項，必需在會後歸納成具體的書面資料，並在下一次研習會時分發給各推銷員。

實施促銷活動之前,業務員首先要徹底的研究並理解該促銷活動所要銷售的商品。而與商品有關的知識，當然是知道的愈多愈好。只要你對自己的商品，擁有愈多的知識，則對商品的說明就愈有信心，進而敢於說服對方購買，也能對客戶的質問做有力的解答。

在筆者的行銷輔導經驗，均會要求主辦促銷活動的部門，對該項產品做一份「產品推銷話術」，以利於業務部門員工的推銷使用。(有關資料可參考憲業企管公司出版「營業管理實務」一書)

透過對產品的深入瞭解，進一步簡化、濃縮為對銷售有利的「推銷話術」，以重點式的「銷售要點」，對經銷商、客戶形成有利的推銷技巧。有關推銷員應具備的商品知識，如下：

⑴採購該件商品之單價多少？(即公司的銷售價格)，若採購數量大，單價能優待多少？

⑵依照不同的付款條件，單價如何改變？例如付現購貨與支票給付有多少差別？又依支票付款的期間長短，單價如何改變？

⑶打折扣有那些條件？

⑷如用不動產之類擔保購貨債務，交易條件又如何？

⑸如在不動產擔保範圍內進貨，以及超出擔保範圍進貨時，交易條件會如何改變？

⑹收不收退貨？

⑺對退貨期間有何限制？或在退貨理由上有何規定？

⑻對退貨有關費用如何分擔？決算方法有何規定？

⑼對上列各項，一般商品與促銷活動出售商品之間，有那些不同？

若採購人員問到上列各項時，業務員本身必須具備能夠答覆這些質問的知識。要想做到這一點，須對這些與交易有關的各種問題，事先將各條款、規定調查清楚，如有不明確之處，則請上司說明之後，自己應做整理，歸納的工作。

許多廠商都印製目錄或簡介，以便為客戶解說自己商品的品質或性能，但就業務員應具備的知識而論，僅靠這些說明數據的知識，還不夠充分。必須具備有關促銷活動出售商品的物理或化學知識，同時還要進一步以銷售要點(Selling Point)方式，把那些知識整理起來。

若依下列方法將較容易表明「銷售要點」:

⑴首先要細心閱讀公司編印的簡介或目錄，並記下要點。

⑵注意傾聽業務員同事訪問銷售店，從事說明工作時，強調的是那些要點？

⑶儘量聽取銷售店銷貨員或實際用過該商品的消費者提出的意見或批評。

⑷抱著初次看到該件商品的心情，客觀的研究該件商品。

將經由上列方式取得之情報逐一整理；然後再考慮公司發售該件商品的途徑與特點：

⑴該項商品系由公司工廠徑送到各經銷店。

⑵工廠就在負責區域附近。

⑶各地均設有服務站。

⑷售後服務或對商品的保證極為完善。

應將促銷活動出售的商品，與公司具備的特色連貫起來，然後再與銷售店所得利益連在一起說明，較能取得實效。例如：

⑴這件商品很受消費者歡迎，回轉快速，減少存庫資金的負擔。

⑵邊際利潤比其他商品大。

· 因性能優越，許多消費者都愛用。

· 因消費者一再繼續購用，擁有廣大固定客戶。

然後再與其他競爭公司類似商品，作一比較檢討。由上列方式得知，擬定商品的「銷售要點」時，應包括：①商品本身的知識，②本公司與本商品的特色，③銷售店經銷本商品所能獲取的利潤，④其他競爭公司類似商品的比較等。

（三）配合展開宣傳

當促銷活動計劃完成，進入實施階段時，業務員的任務是使促銷活動具體化，其任務大致情況如下：

1. 鼓勵零售商、中間商參加此促銷活動。

2. 將促銷活動的主旨以開會或其他方式告訴零售商。

3. 調查商品陳列、商品管理和貨物流通狀況。

4. 指導店頭宣傳活動方式，編造更詳細、具體的指南手冊。

5. 調查零售商和消費者的反應。

（四）對經銷店的推銷工作

除了「推動促銷、宣傳工作」以外，業務員最重要的工作在於「推銷」，因此，針對此促銷活動，具體的工作項目有：

1. 業務員要對自己轄區客戶訂立起銷售目標，每天的工作項目與業績應達成的項目。

2. 業務員必需經常留意零售商是否按照約定加以陳列商品。

正在宣傳中的物品，應該擺置在較為醒目而便於取拿的地點，並且要大量陳列。有些零售商稍不留神，就任意更動陳列位置，或削減陳列數量，業務員最好對他們詳細說明商品性質和宣傳目的，使對方瞭解「只要努力，銷路一定不錯」，並且親自協助對方重新陳列。

3. 經常可以發現廠商辛苦製成的宣傳工具，卻被棄置不用的例子。業務員在訪問零售店時發現店頭廣告骯髒礙眼，不妨親自清洗或補貼，同時告訴零售商，對於店內廣告也不妨多張貼幾份海報，例如：「正在電視播映中」以及「買這項商品，招待到××旅行」等以廣招徠。

4. 促銷活動期間，業務員需要增加訪問零售商的次數，及瞭解存貨情況。為了調查訂貨是否完全送至，以及是否缺貨，業務員可以請求對方讓他進入倉庫詳加調查。然而經銷項目繁多者，斷無查清所有貨色的可能，只能挑選幾種代表性的商品來探知其每天的銷售情況，藉之預估應該補充貨源的日期。

5. 促銷活動期間，必須增加訪問零售商的次數，有時礙於時間和空間的不便，對於無法前去訪問的客戶，不妨採取電話推銷方式。將客戶分成三級，編輯客戶名冊，業務員可以自己打電話促銷，或由業務助理加以協助，以免工作繁忙，措手不及。

6. 促銷活動期間，業務員經常要掌握每天銷售狀況，作為指導零售商的資料；可以隨身攜帶小型照相機，拍攝一些成功的例子，供零售商參考之用。而經銷商迫切希望知道的事是：

- 特別暢銷的商品。
- 別家零售店成功之例。
- 別家零售店的標價情形。

因此，業務員在進行訪問經銷商前，要先搜集諸如此類的情報，與經銷店老闆溝通時，必然受到歡迎。

7. 業務員必須隨時掌握銷售情況，並引用別家成功之例，以輔導零售商，使之確認在宣傳期中務必達成銷售目標，並且有關宣傳期內所彙集的情報，也要整理就緒，呈報上級查照。

（五）執行後的檢討與追蹤

促銷活動結束後，要收回原先安置在店前的招牌、廣告及其它裝飾物品，本來這是屬於銷售店份內的工作，但若由廠商的業務員親自動手的話，必定促進銷售店對廠商或推銷員的信賴，對下回實施的促銷活動一定有所幫助。

其次，對這期間達成目標的狀況從事檢討，亦屬於業務員的任務。例如，實施促銷活動後，依銷售店及不同商品，個別計算其銷售額，再與目標額作比較檢討，或在實施中所看到的缺點及應加改進的地方，加以分析檢討，以便籌劃下次促銷活動時，作為參考。

二、業務員要如何破冰

引起注意→產生興趣→產生聯想→激起慾望→比較產品→下決心購買，是店主購買心理的七個階段。

萬一業務員碰上對方拒人於千里之外？太厚的「冰」不是一次能破掉的，業務員要在拜訪接觸的過程中尋找機會：

1. 店主最近的興奮點和焦慮點是什麼？是足球賽？是兒子考大學報志願？是房子拆遷？是寵物狗生病？還是隔壁新開一家店會不會搶生意？平時留意，然後準備些談話內容，找機會切入，例如「我們院子裏有條牧羊犬在寵物醫院看感冒，結果給誤診死了」「我也是剛考上大學，假期打份工」……溝通有共鳴，生意自然來，這就是所謂「先交朋友，後做生意」的含義。

2. 同時面對幾百個中小終端，要做個有心人。客戶近期關心的人/事/話題等資料要平時搜集記錄，一擊必中。

另外，不同的客戶就要用不同的溝通策略，業務員要對終端老闆的性格特點進行分類，編些暗號記在客戶卡上。

例如有的客戶愛佔小便宜就畫個銅錢，有的客戶江湖氣重就畫個酒杯，有的客戶是善心老太太就畫個笑臉。

業務員的溝通過程中要「因材施教」，江湖氣足的商店客戶你要讓他有面子，找他得意的地方拍他馬屁，推銷時讓他感到你在向他請教、找他幫忙而不是說服他；愛佔小便宜的商店客戶，你注意每個促銷政策都別直接給他，讓他「佔便宜似的」才能拿走。

3. 拍馬屁是精神麻醉，所有人都受用，無人倖免。

但馬屁必須拍得專業，否則反而讓人加重戒備心——無事獻殷勤，必懷鬼胎。拍客戶馬屁的核心技術在於「投其所好」——每個人都有自己的得意之處（甜點），也有他憂心的事情（痛點），這才是他真正需要被認同（被拍）和被安慰的地方。拍馬屁要提前找素材，業務員平時要察言觀色，暗自記錄終端老闆們的喜好。處處留心是學問，所以馬屁拍到地方，一句頂一萬句。

例如：有些老闆們以自己神通廣大、有很多關係可以拉攏自居。你就說：「大哥，憑您這麼多年的經驗和關係，您自己開個超市，做法就是跟別人不一樣，您怎麼賺得錢別人可能都看不懂，就是兄弟跟您打交道時間長也才明白一點兒。」

有的老闆自認為素質高，和週圍這些小老闆不是一路人。馬屁應當這樣拍，「這條街上敢做高檔貨的老闆也就您一個，高端新品我肯定要找您。」

有的小飯店老闆特別自豪自己就是個資深的好廚師，他開的餐館飯菜有品位，他就喜歡聽：「大哥，別人可以心裏沒底，您還沒底嗎？別家的廚子是僱的，今天幹明天走。您這裏招牌菜都是您這個金牌大廚自己做的，店位置又這麼好，菜又有特色，來您這裏的客人是衝著您的飯菜來的，不是衝著酒來的，您賣啥酒全看您推薦了。」

還有的老闆特別驕傲自己的孩子考上大學。你就可以說：「哎呀，還是您有福，有個上名牌大學的兒子呀！我那哥哥的肯定比不了。」

4. 記錄客戶的生日、店慶、裝修、喬遷紅白喜事等「大日子」，到時候稍微表示一下，那怕是一個短信，也能讓你的客情加分。這個方法看似簡單又俗氣，但對中小終端店的老闆非常管用。記住一句話，越是身份卑微的人越在乎別人對他的尊重！

三、業務員與店主溝通的破冰手法

業務員初次與店主見面，不要一進門就賣貨，先用服務破冰，才有溝通機會，進而建立信任、建立客情，銷售自然水到渠成。例如你告訴他：「今天我不是來推銷商品的，我是來服務的；我是來給你換破損的產品的；我是來送禮的……」先交朋友，不招人嫌，賣貨才有戲！

1. 自報家門，今天來拜訪，不是來賣貨，不招人嫌。

「老闆您好，打擾一下，我是××，是××的業務員。」

「今天我來拜訪一下，看看我們的產品，有什麼問題我能幫您解決的。」(店主的心理：噢！不是來賣貨的，是來「看看」的，行啊！隨便看。)

如果老闆忙著在做事，您就不要硬插上去喋喋不休，聰明的做法是要麼幫老闆幹點活，例如老闆在搬貨，您可以幫忙搬搬貨或者說：「您先忙，我看看我的產品，不打擾您，您忙完再說。」

店老闆正在向客人推銷「可樂 350 元一箱」。業務員跑過來了，大老遠就大喊：「老闆，廠價 300 元一箱，每箱還送一瓶，您今天訂幾箱？」店老闆當時都能哭出聲來！

業務員拜訪商店時，如碰到店內有客人時，千萬別當著客人面賣貨，砸老闆飯碗，你過一會兒來也行，或者留下客戶聯繫卡，將促銷政策寫在背面遞給老闆也行，這樣成交的機會都會比當時報價高得多。

2.「今天我來給您送一些宣傳品！」(注意我們是來給您送東西的，不是單純來賣貨的，關係又近了一步。)

3.業務員初次拜訪時有些老闆不僅不搭理，甚至質問：「你們是幹什麼的？」這時可以把送貨經銷商的姓名抬出來：「老闆您的貨是不是李大哥給送的呀？」送貨商和零售店一般都關係很好，老闆一聽你和經銷商很熟，馬上就能換個態度。

4.「我們是來回訪服務品質的，您以前進的貨有沒有問題，送貨的服務有沒有問題，服務有問題的您告訴我，我協調經銷商進行改進。不良產品只要沒過期的，出現品質問題的您都留著，在公司政策允許的範圍內我給您調換。」

5.檢查貨架，在許可權之內處理客訴，例如你在店內發現了以前經銷商送的兩瓶即期產品，假設公司規定不良品、即期品可以調換，就主動提出給店主換貨，或者把即期品擺在貨架最前面，提醒店主先賣這些商品防止過期。

四、向店主說明要進貨的主要原因

新業務員進門前不知道這個店裏有什麼貨，也不知道這個店適合什麼品種，或這次給這個店賣什麼品種，也不關心店內品種安全庫存夠不夠。

新業務員進門就說「老闆要貨不」「拿幾箱吧」，不管賣什麼品種，只要有訂單就行。這種銷售有點像乞討。這麼做銷售可不行。

開門做生意，店老闆最關心的是個「利」字，講利潤故事，總是最有效的推銷方法之一，也是業務員的必備技能。要變被動為主動，關鍵在於你是否激發了他的需求，讓他自動自發，變「要您買」為「您需要買」。下列 26 招可以說服進貨：

1. 能拍板進貨的有兩種人，一種是老闆，另一種是中小超市的店長和採購，不同身份的人在不同時間有不同的需求。

例如老闆們一般更關心的是利潤，在新店開業期間店老闆更關心的是能不能給他帶來人氣、能不能幫他提升店面形象。店長和採購們一般首先關心的是暢銷產品是否已經進店，否則會被老闆罵，其次關心的是自己這個月的考核指標有沒有完成。因此，業務員要根據不同的對象，講利潤故事，投其所好。

2.「老闆您好，這個奶粉，是我們在當地最暢銷的新產品，現在有電視廣告，還有買贈話動，我們公司給您一箱 12 盒，再算上我們的搭贈，一盒您賺 12 元，資金報酬率都 45%以上了！這款新產品因為我們公司推廣力度大，銷量和價格都是有保障的，家樂福超市上週拿我們這個產品做了期海報，兩週時間賣了 1000

多箱。您在門口開店，您自己算算賺不賺？」

3.「老闆您真有眼光，這個店的位置選得非常好，我們公司就是要和您這樣店面形象好的客戶合作。產品銷售利潤我剛才給您算過了，再給您彙報個好消息，我想申請把您這個店做模範店，您新店開業，我們免費給您提升店面形象，給您店裏貼高級壓塑海報，外牆上佈置高檔的防水防曬圍擋膜，門口給您掛上燈籠做招牌。另外幫您做堆箱陳列獎勵(給您看看我們的模範店標準照片)……您只要負責幫我們維護這些東西不被破壞，我們就一個月送您兩件貨作為獎勵和支援，而且針對模範店我們有優先的 VIP 服務，我們每週會進行拜訪，您一個電話我們就送貨上門，日期不好的產品只要保質期沒過半，我們就幫你調換。公司有促銷的時候，肯定優先照顧模範店，可以更好地幫您帶動一下生意。對於位置好、配合好的店我們還有可能申請給您做店招和燈箱。」

4.「這洗衣液您這個社區週圍最大的超市，都已經進店做上促銷了，您可以去看看。另外社區門口的超市、路口的便利連鎖也進店了，都做了端架陳列，超市還想讓我們做中秋節的堆頭買贈促銷，我擔心它那個店距離便利店太近容易砸價！您這個店位置比它的好，您要想做，我可以支援您！」(對採購暗示：這個商圈幾個重點店都是他的競爭對手，別人做得這麼火，他的店要是沒有，不定那天老闆就得罵他。)

5. 管理正規的超市會模仿大超市考核店長的幾個指標，例如銷量、毛利、費用、庫存等，在跟店長溝通的過程中，你發現他對那個指標感興趣就說明他這個月在那個指標上有壓力，然後你就對症下藥。他關心業績，你就強調要做活動提高銷量人氣；他關心毛利，你就要在他店裏推高價新品；他關心費用你就拿出模範店支持計劃。

6. 觀察老闆什麼時候「動心」，趕緊「再燒把火」。老闆開始詳細詢問價格，拿計算器算利潤，這就說明老闆心理上已經假設這個產品進店銷售，看看能賺多少錢了，此時你要趕緊抓住機會詳細算利潤。

7. 有時候店老闆考慮得比較週全，對進新產品會顧慮較多，但是老闆娘比較「財迷」，愛算細賬，容易被利潤打動，對「能不能賣得動」「服務怎麼樣」「能不能退貨」等考慮得比較多。那麼下次推銷時，你的重點談判對象就是老闆娘。

8. 零售店店主賣產品不是看自己賣多少錢，而是首先看隔壁店賣多少錢。所以業務員要強調別的店賣這個價位，公司規定所有終端都賣這個價格，價格貼和海報上都註明這個價格，讓店主對零售價建立信心。

9.「我們現在有『箱箱有禮』送一個水杯的活動，您零售店大部份消費者不會整箱購買，箱子打開，水杯您拿出來賣掉至少賣 12 塊錢，這樣一箱您又多了 12 元利潤。」

「您春節得給員工發點福利吧？您只要賣我們十袋米，我們就送您十瓶花生油，您就可以發給十個員工了，一舉兩得，省得您拿錢買了。」

10.「我們一個區只給一個網點鋪貨，不會出現幾個網點砸價的現象，而且我們給您的產品和大超市的產品是不一樣的，不會因為大超市砸價打亂您的價格，您的利潤有保障，只要您認真陳列、主動推薦讓這個產品賣起來，利潤永遠是您的。」

11.「價差利潤擺在這裏，看您能不能拿走。」

「銷量大不大我不說，您自己看。」

舉出你的產品能賣的理由，例如廣告促銷支援，再舉出別的店賣得好的具體案例和數字。

12.「我們的花生奶味道醇香，好喝，現在宴客吃飯都提倡美味健康，這種飲品的消費者一次飲用量大，您也賺得多。現在還有抽獎贈送再來一瓶，您仔細想想這讓您店裏賺多少錢呀！」

13.「您作為店老闆賺的不是單位利潤，而是週轉利潤回報，賣我們的產品賣得快，三天賣完，一個月回轉十次。您算算誰的利潤高？」

14.「您一年累計賣夠 300 箱我們就送您一台冷櫃，零售價 1200 元呢，300 箱什麼概念？一天不到一箱，一天賣 4 瓶您就完成任務了，酒量好的一桌客人都喝好幾箱，您只要認真推，肯定能完成，折合下來您一箱又多了利潤。剛才說利潤報酬率 75%，把這個算上，您的利潤都在 100%以上了。況且您開餐館，冷櫃您是少不了的，我們不給您，您自己還要花錢買。現在我們先給您冷櫃，賣夠任務量我們退押金，這樣您提前一年就用上冷櫃了。」

任務量不要跟店主算總數，要分解到天。總任務賣 300 箱高檔酒對小餐飲店並不容易，但是細分到一天 4 瓶聽起來確實不難。

15.針對調味品行業退箱皮促銷的情況再算細賬……

16.「您作為超市，回收消費者瓶蓋一個五毛錢，一般這五毛錢都是抵了購物款能促進您店生意的。另外我們廠家給您兌換的時候，十個蓋子給您十二個蓋子的錢，那兩個蓋子是給您的手續費，我們做促銷是促進您的銷量和總利潤，您兌換蓋子我們再給您錢。」

17.「我們幫您做陳列獎勵，每個餐桌上擺六瓶酒，掛上個價格簽，標上零售價，再配上海報，消費者本來不想喝都有可能順手拿著喝上一兩瓶。產品陳列就好像在您店裏蹲了一個不用發薪資的促銷員，不用您費大量的口舌做介紹就能促進消費，相應地，老闆您就增加了利潤。」

「只要您陳列二十個空箱子在門口，一個月我們送您兩件貨，這又是 70 元的利潤(按零售價格算)，而且這個錢是您白拿的，只要把空箱子擺著，就能拿到，這是穩定利潤。」

18.例如專架陳列協議、完成任務量的返利協議、為防止競爭要求店主不賣競品的排他性協議、專場銷售協議等。

「凡是簽約的模範店，對模範店我們優先 VIP 服務……」

「我們的產品和競爭對手是一個檔次的，我們一年給您 6000 元專賣獎勵，您做我們的專賣模範店除了銷售利潤之外，專賣合作一年額外拿 6000 元，哎！我都想辭職開店去了。」

19.「我這個產品是低價產品、單位毛利很低，但這個產品是價格形象產品，因為這個超低價產品在您店裏，人家都會覺得您這裏的價格低，這就是間接給您創造利潤。」

「一個超市賣貨，就是要有不賺錢的產品帶人氣。一句話，店裏沒有不賺錢的產品您就賺不了錢。」

「沒有錯，我這個產品，在您店裏銷量不大，給您帶不了多少利潤，但是這個產品主要針對的是白領，他們來這個店裏每次消費的客單價大而且都是買高檔產品，我的產品就是梧桐樹、招財貓，引來的客戶就是金鳳凰、財神爺。」

物流服務好、不佔資金、調新貨等：「我們每週上門拜訪，送貨退換貨都及時，不佔您的資金。我們的產品保質期過半只要外包裝不破損都給調成新貨，還有專業促銷員幫您做活動……」

20.「我打算拿您這坐做促銷據點，在週圍商圈發放消費者購物折價券，推銷高價產品……」

「老賣顧客點的成熟產品賺不了錢，只有把自己想賣的產品賣給顧客才能賺錢！」

「我計劃給您投放陳列、消費者促銷，提升銷量提升利潤……」

「新品剛開始利潤高，先賣先賺錢，等賣起來了，萬一價格亂了，就不賺錢了！」

21.例如很小的店一次要貨量不夠，在公司允許的前提下進行變通，或者讓店裏先少進些量，做好陳列試銷一下，下週再進貨給它累計，達到進貨等級同樣給它贈品。

「本次活動已是最後一天，我是專門過來告訴您活動已經結束了，但是報表還沒交上去，您要是想要，我想個辦法『插隊』給您按照原來的進貨促銷政策對待，您可千萬別說出去。」(就算老闆不進貨也會感謝你)

22.「例如您這個店週圍有社區，中老年人不少，很多中老年人喜歡出門運動，在外就需要補充水分，隨身都會帶一個方便好用的保溫杯，您店裏沒有這樣的產品，而這個品種正好是我們公司的動產品，您考慮一下。」

23.缺少價格帶:「您店的洗髮水從 30 元一瓶到 60 元一瓶的都有，但是現在很多年輕人都喜歡嘗試新鮮的東西，不願意長久使用大瓶裝的、同一功效的，30 元以下價格的小瓶裝您店沒有，我這裏剛好有 9.9 元/瓶、18 元/瓶的不同功效的多個單品可以給您做個補充。」

缺少低價格形象產品：「您知道為什麼人家都說隔壁店的東西便宜嗎，隔壁店裏新來一種『美滋』果味糖，超低價，一個低價產品把他整個店內價格形象都拉低了。我這裏剛好有幾款低價產品可以給您補缺。」

缺少高價格形象產品：「對對對，咱們這裏消費水準低，但還是有一部份高消費群呀，那寶馬車不是有好幾輛嗎？您這個店在交通要道，很多人都進來，店裏有幾個高端產品，擺在這裏，即使不賣，您也不吃虧。但是萬一因為您這裏沒有高端產品，這幾個有錢的主到您店裏一看沒有他要的煙、沒有他要的酒、沒有他家小孩要吃的零食，扭頭走了再也不來了，您損失可就大了！他們來這裏購物一次，可頂得上別人十次呀。我建議您還是把我們這幾種高端產品每樣多少備一點。」

24.品類可選性：「您店飲料有將近 6、7 種，但礦泉水只有一兩個品牌，消費者可選擇的餘地太小了。我給您補充幾個新品唄？」

價格帶可選性：「您貨架上的貨真全，捲紙從 15 元一包、20 元一包，25 元一包、35 元一包，抽紙、面巾紙您都有，您這個老闆備貨可真是專業。但您注意到沒有，您別的價格帶品種都是四五個，只有 15 元一包和 20 元一包這兩個價格帶，您都只有兩個品種。其實這兩個價格帶的消費人群很多的，對紙巾這種產品，消費者會常年注意它們的價格變化，習慣過一段時間換同一個價格檔次的新品種嘗嘗，您的貨不夠，消費者會覺得這裏貨不全，我今天就給您帶了四種這個價格帶的品種。」

25.優選幾個暢銷品您試一下：「您先別擔心賣不動，我們 750 毫升 5 個單品，我建議您別全拿，先拿這二種試一下，這兩個品種是我們賣得最好的，幾乎家家店都有，別人都能賣得走，您拿這幾瓶不會壓住賣不動。」

「我們的兒童牙膏賣得還不錯。太好了！謝謝支持！說明您這個店有這部份消費群，所以兒童牙刷、兒童毛巾、兒童香皂應該都可以賣，暢銷產品成系列，銷售機會才多，您才賺錢。」

「橄欖油那麼貴在您店裏能賣得動，說明您這裏有注重心腦血管健康而不在乎價格的消費群，我們的玉米油的賣點就是關注心腦血管健康，您想想，怎麼會賣不動呢？」

「既然薯片賣得好，咱們最好把七個口味都進齊，您現在只有兩個口味，銷售機會浪費了。」

26.「您的超市現在統一牌進貨已佔到速食麵貨架的 70%，再這麼下去它就把你們反控了，我們的產品進來您可以制約它一下，您拿我們做架子，才能制約統一的一家獨大。」

心得欄 ----------------------------------

第 4 章

進入大賣場的對策

一、大賣場採購目的是「榨乾」

零售終端是廠家的產品與消費者直接面對面的場所，是產品從廠家到達消費者手中的最重要一環。因此零售終端對於企業成功快速鋪貨來說至關重要。零售市場擁有巨大的生意潛力，而大賣場是最重要的分銷管道。

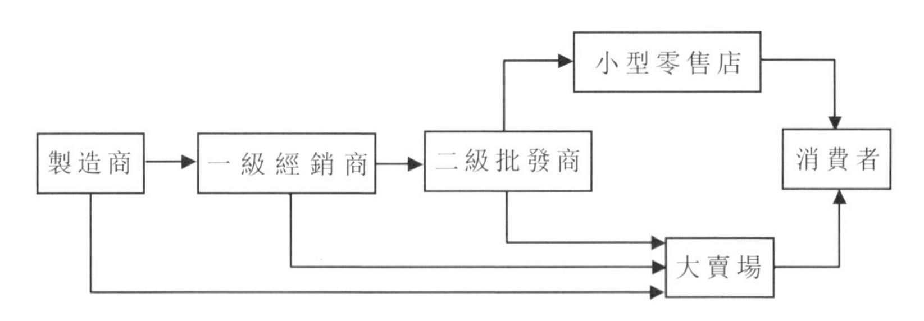

大賣場是企業建立品牌形象的有利場所。在這裏，企業可以通過

貨架、掛牌等銷售工具進行良好的店內形象展示，這不僅是一種強有力的宣傳，還是一種極有價值的促銷手段，對於建立品牌的知名度、增加產品適用機會，有很大的益處。

大賣場的費用有一些是無理的，有一些是可以想到的。大賣場之所以對待廠家，是因為大賣場面臨更多的選擇權，廠家處於弱勢的狀態，能夠選擇的就是如何面對。

業務員在跟大賣場談判的時候往往會遇到這樣的情況：大賣場採購見到你，一般會這樣說：你那個廠的？我現在只有兩分鐘的時間，進店費是兩萬元，能談的進來，不能談的就出去。事實上，大賣場採購不是不想讓你的產品進店，而且大賣場的費用也不是不能談。沒有任何一個大賣場採購不願意進新品的。大賣場採購之所以說這樣的話，是給你一個心理上的壓力，一個姿態，這是他們的「招牌菜」。

大賣場採購常常會跟企業說，你別跟我說多少錢了，我也不想難為你，我只是想要一個合理的價格。假設你是康師傅的代理商，他是家樂福的採購，那麼他會這樣跟你說：你給另外一個超市的條件我都知道，你必須給我們一樣的優惠條件。現在大家都是互相通氣的，我很清楚你給別人的是什麼價錢，現在就是看你的態度，讓我們說出來就沒意思了，需要你們自己「主動交待」。

當大賣場採購說這些話時，是不是真的像他所言，只想要一個合理的價格？只想跟別的大賣場一樣？不是。其實他並不知道你的最低價是多少。他的目的只有兩個字：榨乾！所以一見到大賣場採購，就表示我有可能被榨乾了。

二、大賣場的鋪貨費用

以大賣場而言，超市對供應商來說非常重要，但進入超市的門檻越來越高，超市進場費居高不下，供應商往往被超市名目繁多的「進場費」、「促銷費」和「堆頭費」等弄得望洋興嘆。超市具體有什麼費用？不說不知道，一說嚇一跳。

1. 進場費

進店有開戶費，也稱進場費或進店費，是供應商的產品進入超市前一次性支付給超市或在今後的銷售貨款中由超市扣除的費用。隨著市場競爭的日趨激烈，產品進入超市的門檻也越來越高，尤其是大賣場，由於其規模較大、影響力較強，對新品種(新產品)都要收取進場費用，並且收取的費用越來越高。

假如你選了一個經銷商，代理了幾個超市的銷售，那這個經銷商可別輕易換。因為一旦換了，就有了過戶費，也可能要重交開戶費。超市說，「合約我是跟這家經銷商簽的，你換了另外一個經銷商，在我們的超市裏你就要加過戶費。」如果這家經銷商沒有跟這家超市打過交道，就要加開戶費了。

2. 費用

進了門之後，費用就更多了：解碼費、諮詢服務費、無條件扣款、配貨費、人員管理費、服裝押金、工卡費、押金、場地費、海報書寫費等。這些是有名目的，還有臨時的，比如有些超市一看上半年的利潤指標完成不了，就說要裝修，這一裝修就出來裝修費了。還有店慶費，有的超市一年居然能收兩次店慶費。

3.罰款

動不動就罰款是超市的拿手好戲。現在超市是上帝，超市對經銷商和生產商都是管理者的姿態。如果沒有跟超市打過交道的人，任你再聰明，也想不出那麼多的罰款理由。條碼重合、產品品質有問題、斷貨、斷促銷品、價格經過調查不是本市的最低價格、促銷人員沒有穿工服、促銷人員違反超市規定等，算下來有 30 多個理由。有了理由就有了處罰手段：單方面停款、單方面扣款、單方面促銷、降臺面、下架、鎖碼、解碼、真返場、假返場、清場，等等。

4.合約

超市合約也有陷阱。比如說超市報含稅價和未稅價，一般超市報的都是含稅價。突然讓報未稅價是什麼道理？9 角錢一包的面，未稅價是 7 角多。但是到超市之後，他是四捨五不入，一個速食麵企業在超市裏產品銷量不是小數目，這個四捨五不入加起來就相當厲害了。超市還會收一個鋪底費，一般是 10 萬元錢。鋪底是什麼意思？其實不是鋪底，實質上就是進店費。為什麼這麼說？我們想想，這個鋪底費什麼時候能要回來？只有等你退店的時候才能要回來，但是退店的時候超市會找出各種各樣的理由扣你的款。所以其實鋪底費就是進店費的變相增加。還有結賬期，超市一般會說 30 天賬期，但其實一般都要等到 60 天到 90 天，如果括弧裏註明按遞票期計算 30 天，那就更壞了，可能要到 90 天之外了。

A 是某食品企業的銷售經理，負責開拓新市場，A 經理一直在與這些大賣場談判，卻總是沒能談進去，因為大賣場有很多讓供應商難以接受的進場費用和苛刻條件，簽進場合約就像是簽「賣身契」。

某知名大賣場報給 A 經理的進店收費標準為：

1. 諮詢服務費：2014 年是全年含稅進貨金額的 1%，分別於 6 月、9 月和 12 月份結賬時扣除；

2. 無條件扣款：第一年扣掉貨款數的 4.5%，第二年扣掉貨款數的 2.4%；

3. 無條件折扣：全年含稅進貨全額的 3.5%，每月從貨款中扣除；

4. 有條件折扣：全年含稅總進貨額 370 萬元時，扣全年含稅進貨金額的 0.5%；全年含稅進貨金額 100 萬元時，扣全年含稅進貨金額的 1%；

9. 節慶費：1000 元/店次，分元旦、春節、中秋

5. 配貨費：每店提取 3%；

6. 進場費：每店收 15 萬元，新品交付時繳納；

7. 條碼費：每個品種收費 1000 元；

8. 新品上櫃費：每店收取 1500 元；和聖誕共 5 次；

10. 店慶費：1500 元/店次，分國際店慶、中華店慶兩次；

11. 商場海報費：2500 元/店次，每年至少一次；

12. 商場促銷堆頭費：1500 元/店次，每年三次；

13. 全國推薦產品服務費：含稅進貨金額的 1%，每月賬扣；

14. 老店翻新費：7500 元/店，由店鋪所在地供應商承擔；

15. 新店開辦費：2 萬元/店，由新開店鋪所在地供應商承擔；

16. 違約金：各店只能按合約規定銷售 1 個產品，合約外增加或調換一個單品，終止合約並罰款 5000 元。

以上所列金額全部都是無稅賬，供應商還需要替大賣場為這些費用繳納增值稅。

三、如何應對大賣場的進場障礙

面對越來越高的大賣場門檻，供貨廠商該如何應對大賣場進場費呢？

1. 捆綁進場

大賣場對新供應商一般都要收取開戶費，比如開戶費為 8 萬元，因為開戶費是按戶頭來收的，你進一個品種要收這麼多錢，進 10 個品種也是收這麼多錢，對於供應商來說，進場的品種越多則分攤到每個品種的開戶費就越少。

有些企業如果是自己直接進場，面對高昂的開戶費就很不划算，可以找一個已經在大賣場開了戶的經銷商「捆綁」進場，這樣就至少可以免掉開戶費，還可以免掉節慶費、店慶費和返點等固定費用。經銷商也很願意，畢竟又多了一個產品來分擔各種費用。

2. 將大賣場提升為經銷商

在進入大賣場有困難時，如果考慮將大賣場提升為經銷商，供應商往往不用交高額的進場費和終端其他費用。因為供應商給其享受各種優惠政策，包括最優惠的價格，最大的促銷支持等，連鎖超市做該區域的經銷商後，會用心去經營該產品，優先推廣該產品，迅速將產品輻射到各分店所在的區域，這樣就實現了供應商和連鎖超市的「雙贏」。

3. 供應商聯合

尋找多個廠家或同其他供應商聯合，通過加入當地的工商聯合會進場。這樣既可減少進場費用，又可減少進場的阻力。如酒類廠家可以和當地零售協會、酒類專賣局成立相關聯盟組織，解決酒類廠家與超市的衝突，維護供應商的利益。

4. 用產品抵進場費

供應商在和超市談判進場時，要儘量採取用產品抵進場費的方法，不僅變相降低了進場費用(產品有毛利)，而且也減少了現金的支出。

用終端支援來減免進場費。供應商和超市談判，可以提出用終端支援來減免進場費。常見的供應商宣傳支持有：買斷超市相關的設施和設備，如製作店招、營業員服裝、貨架、顧客存包櫃和顧客休息桌椅等(這些物品上可印上供應商的廣告)。

儘量支付能直接帶來銷量增長的費用。首先要區分清楚那些是能直接帶來銷量增長的費用，那些不是。

能直接帶來銷售增長的費用：堆頭費、DM 費、促銷費和售點廣告發佈費等；

不能直接帶來銷量增長的費用：進場費、節慶費、店慶費、開業贊助費、物損費和條碼費等。

不能直接帶來銷量增長的費用，幾乎不會產生什麼效果。對供應商來說，買更多的堆頭陳列、買更多售點廣告位、安排進入更多促銷導購員和開展特價促銷，都能帶來明顯的銷售增長。

供應商在談判時，儘量支付能直接帶來銷量增長的費用，減少支付不能直接帶來銷量增長的費用。

5. 採用公關策略

供應商可以採用公關策略，以獲得進場費的最大優惠。超市採購產品時雖然對產品有業績考核指標，但產品能否進場還是和供應商的客情關係有一定的關聯。所以，廠家應整合客情關係資源，與超市採購人員多交流溝通，比如舉辦一些聯誼活動，培養和採購之間的感情。建立了良好的客情關係後，採購在收取供應商的進場費等各項費用方面往往會調低一些。

心得欄

第5章

激勵終端零售商

如果企業對零售商缺少激勵，忽略零售商的作用，使零售商的利益得不到保障，那麼零售商就會放棄不能帶來滿意收益的產品，使產品退出市場。尤其那些弱勢品牌更是如此。

在眾多的終端零售店中，不少企業把關注的目光緊盯在大客戶身上，而小型零售商往往處於被遺忘的角落。隨著通路運作的精耕細作，對某種產品如飲料、洗滌用品、速食麵、小食品等便利品，小型零售店對廠商的吸引力正越來越大。一方面，消費者購買日用品的習慣是就近購買，像飲料、小食品的購買行為則屬於衝動性購買，便利品的價格較低，消費者比較熟悉，一般不願花費太多的精力捨近求遠去大型賣場選購。

一、為什麼要激勵零售商

產品要爭奪終端消費者，必先搶佔產品和消費者直接見面的場所——零售網點。而產品是否能被消費者看到，是否能被消費者選擇，零售商的支持與意見尤為重要。沒有零售商的支持，一切都是徒勞。

消費者選購產品時，往往更願意聽取零售商的意見，零售商的主動推薦對顧客的購買決策有極大影響。他們說一句「某某產品好」，比廠家導購員說十句還頂用。據對保健品消費的調查，有 37%的顧客在決定買那種保健品時，受到了營業員推薦意見的直接影響。

特別對於那些要求有專業知識、消費者不懂如何選購的產品，例如電腦、藥品等，零售商的意見對消費者的購買決策可以產生決定性影響。

因此，企業應重視零售商的作用，採取必要的措施來保障零售商的利益，提高零售商的積極性。零售商也會出於對自身利益的考慮，拋棄甚至詆毀獲利低的產品。在產品進入衰退期時，由於各零售商之間相互降價競爭，形成惡性循環，導致產品的零售利潤越來越低，甚至多少錢進就多少錢出，一分錢都賺不到，這時零售商就會放棄該產品。

1. 可以獲得穩定的利潤來源

零售商的利潤是從那裏來的？有人認為是企業給的，是企業讓利給零售商的。這只說對了一半，因為無論是企業的利潤也好，還是零售商的利潤也好，都是來源於終端市場，來源於產品持續穩定的銷售。

任何企業的行銷資源都是有限的，那麼企業有限的行銷資源是如何利用的呢？一般來說，企業有兩種做法：

一種做法是給零售商很大的利潤空間，但企業的行銷資源必然所剩無幾，也就沒有多少剩餘資源來啟動終端市場了。無論採用什麼方式，企業把利潤過多地讓給了管道環節，都會影響對終端「拉力」的投資。如此會造成什麼後果呢？一方面，光靠零售商「推」，銷量是有限的，儘管你給零售商的單位利潤很高，但因終端消費者未啟動，結果就是錢花了，零售商的利潤總量卻並不高；另一方面，一旦零售商「推」的積極性減少，企業產品的銷量就會災難性地直線下滑。

另一種做法是，只給零售商合理的利潤空間，而將行銷資源重點投資在給零售商的「終端支援系統」上。這種做法的工作重點是啟動終端市場，最後的結果就是終端市場啟動了，零售商的銷量和利潤也就源源不斷地「生產」出來了。這樣一來就從根本上保證了零售商的利潤，也使企業有限的行銷資源取得了最佳的效益。

2.激勵零售商要有明確的目標

某產品的批發價為每台 1500 元，零售價為 1800 元，進貨折扣為 8 折。此時，企業在 3 月份公佈的銷售獎勵是：凡零售商月銷售產品 200 台以上者，每台除獲得原有的利潤外，再分別付給 20 元/台銷售獎金。

該企業發現競爭對手在 5 月底要上市鋪貨，為防堵競爭品的銷售管道。該企業將上述銷售獎勵作了修改，在 5 月底對零售商又發出新的銷售獎勵辦法:「凡零售商在 4、5、6 月份銷售量在 300 台以上者(即第 301 台起算)，每台給予 25 元銷售獎金。」

零售商已銷售了 2 個月的產品，6 月份其銷售獎勵的計算方式是

4、5、6 月份一起獎勵，表示 6 月份有兩種獎勵辦法。第一種是 6 月份單獨計算的銷售獎勵，即每台 20 元銷售獎金；第二種是 4、5、6 月份累計的銷售獎勵，若一共超出 300 台，超出部份便額外多給予 5 元，則零售商在考慮以往 4、5 月份的努力成果後，會傾向維持「累計獎勵」的計算方式，這樣，企業就達到了圍堵競爭對手管道的目的。

談到如何科學激勵零售商的問題，首先要弄清楚你激勵零售商的具體目標是什麼。

激勵零售商必須要有明確的目標。只有目標明確，才能有的放矢，才能根據目標制定有計劃的激勵方案。

激勵零售商的具體目標通常有以下幾種：

⑴新產品上市，為減少鋪貨阻力，加快鋪貨速度。

⑵相對於同類競爭產品，爭取零售商更多的推薦機會。

⑶鼓勵零售商進更多的產品，以此來搶佔零售商的資金，阻截競爭對手。

⑷爭取較好的陳列位和更多的陳列面，做好理貨、補貨工作，保持最佳陳列效果。

⑸爭取較好的 POP 廣告位置，並能較好地保存宣傳品。

⑹鼓勵零售商向企業回饋零售終端的信息。

⑺鼓勵零售商維護零售價格的統一。

⑻透過零售商向消費者發送宣傳品。

⑼激勵零售商配合開展對消費者的促銷活動。

二、如何提高終端銷售商的銷售熱情

小型終端是否具有銷售熱情，對產品在其店內的銷售有著顯著的影響，那麼，到底該如何提高小型零售終端的銷售熱情呢？通常的方法有：

1. 打消終端商的顧慮

一般說來，小型零售終端資金較少，屬於小本經營，每次進貨的數量少，進貨頻率較高；抗風險能力較差，經營比較謹慎，對新上市的產品或未曾銷售過的產品往往持懷疑態度。廠家可以採取適當的措施打消小型零售終端的顧慮，激發他們進貨的積極性。

一方面，可以向他們承諾若銷路不好，可以調換本企業的其他暢銷產品；另一方面，廠家對自己的產品在某些小型零售終端的銷售前景充滿信心時，可以承諾無條件退貨，免除小型零售終端的後顧之憂，降低商品滯銷給他們帶來的風險。

2. 給予終端商以合理利潤

(1)「唯利是圖」是小型零售終端的特點

產品利潤空間的大小是產品影響小型零售終端進貨決策的首要因素，也是直接影響小型零售終端銷售積極性的首要因素。在保證銷售的產品有足夠利潤空間的前提下，小型零售終端才考慮產品是否暢銷，是否能輕鬆地推銷出去。如果沒有較高的利潤空間，即使是名牌產品，也會遭遇小型零售終端冷處理或排斥，所以薄利多銷並不適合小型零售終端。即使像寶潔這樣的名牌產品，要激發小型零售終端的積極性，也必須保證小型零售終端有合理的利潤空間。

⑵新產品留有的零售利潤空間要大

在新產品上市制定價格策略時，一定要做足價格文章，要在零售環節留有充實的零售利潤空間，保持新產品銷售的高利潤優勢。對新產品來說，價差利潤必須高於競爭對手同類產品在當地小型零售終端的利潤。而名牌商品也應接近平均價差利潤。一般而言，引起小型零售終端銷售興趣的利潤臨界點，新產品為 20%，成熟產品為 10%。

⑶縮短管道通路，提高小型零售的價差利潤

以往的傳統銷售管道是由廠家下設一批、批發和三批，產品至小型零售終端手中已經過層層轉手，導致小型零售終端得到的進價過高，自然價差利潤小，廠家可以透過縮短通路的手段來提高小型零售終端的價差利潤。

3.對終端商進行利益激勵

在零售環節中，廠家對大型零售商一直給予特別關注，而小型零售終端往往被忽視。

目前很少有廠家制定專門針對小型零售終端的獎勵政策。每個廠家都會有一套銷售獎勵方案，不過這套方案主要是為各級經銷商、大型零售商設計的，門檻很高，小型零售終端就是再努力也享受不到這樣的銷售獎勵。

各小型零售終端的經營業績差別較大，其中有一些小型零售終端在某些商品的銷售方面有著不俗的表現。廠家也應針對小型零售終端制定門檻適宜的銷售獎勵政策，讓他們有機會嘗到大量銷售的「甜頭」，從而激發小型零售終端銷售某種商品的積極性。

單一價格優惠尚不足以引起小型零售終端的充分興趣，因此廠家應把施於各級經銷商的優惠政策，同樣施之於小型零售終端，讓他們也能分得一部份利潤，這也是廠家適用激烈市場競爭的需要。

對小型零售終端的利益激勵具體操作如下：

⑴隨貨附贈。整箱的大包裝中附贈資金、贈品和分值卡等，以刺激小型零售終端以整箱為單位進貨，有效刺激小型零售終端大量進貨。

⑵配貨獎勵。為激發小型零售終端的進貨熱情，促進產品銷售，根據不同情況，可對部份產品實行配貨獎勵措施，如某日化企業實行洗髮水 10 配 1，花露水 20 配 1，空氣清新劑 24 配 1 的獎勵政策。配貨獎勵是進貨時就兌現的。

⑶返點獎勵。根據小型零售店月或季累計銷售回款總額，制定返點獎勵政策，並及時兌現。例如銷售 200 毫升洗髮水，月以供應價結算回款累計達 1 萬元，則另行給予 5%～10%的返點獎勵。返點獎勵是在一定時期後達到獎勵標準才兌現的，是事後獎勵。

廠家在確定累計折扣的起點及不同檔次時，應考慮淡旺季、市場成長度、其他同類商品銷量和本商品的銷量變化等。獎勵的方式不宜採用現金方式，應以獎勵企業的產品或其他類商品為主。

⑷不定期抽獎。不定期投資既激勵了小型零售終端，又不會誘發其降價銷售。小型零售終端為了得到更高的返利或獎勵，往往會降價銷售。如果廠家採用不定期抽獎的方式，使小型零售終端不知道確切的額外利益，自然不會輕易降價銷售。

⑸店面支持。廠家可以把給小型零售終端的獎勵轉化為其他形式的回饋，例如提供店牌、裝飾店面以及提供銷售設備等。這些利益激勵手段更能和競爭對手形成差異，在提供利益激勵的同時，也做了終端宣傳工作，從而增強了產品在小型零售終端的競爭力。

⑹維護價格。廠家在給小型零售終端留下足夠利潤空間的同時，必須加強銷售通路的管理，使價格始終保持在規定的價位上，讓小型零售終端能長期享受到合理利潤。

首先，要加強價格監控，使價格始終穩定如一，這樣既保障了小型零售終端的利潤，同時也保證了小型零售終端銷售的積極性。

透過業務員定期巡查、走訪，在做好理貨的同時，督促小型零售終端遵守區域零售價格標準，透過取消銷售獎勵和支持的處罰措施來維護零售價格體系。

其次，要防止大賣場的低價衝擊。往往有這樣一種現象，每當在一塊區域裏有一家大賣場開業以後，該賣場週圍的許多小型零售終端的銷售額就明顯下降。這是因為大賣場有明顯的價格優勢對小型零售終端產生了強大的衝擊。有時大賣場內一些名牌產品的零售價(會員價或特價)比小型零售終端的進貨價還低，小型零售終端無價差利潤，就只有拒售該產品。因此要採取有利的措施防止大賣場的低價對小型零售終端的衝擊。

最後，實行產品錯位銷售。在產品進入市場時，把大賣場和小型零售終端銷售的品種或型號分開，各自銷售不同的產品品種或型號，這樣就不會造成太大的衝突。小型零售終端銷售的品種價格不能太高，以中低檔產品為主，包裝以小包裝為主。

4.提供促銷產品作為補償

廠家也可以透過提供一定數量的促銷品或促銷裝產品給小型零售終端，和大賣場形成差異，使小型零售終端銷售的產品有促銷品，或是促銷裝，以此來抵減大賣場低價銷售的影響，使小型零售終端有一種心理平衡，防止其產生抵觸情緒。

5.適當降低鋪貨密度，避免惡性競爭

在不影響產品市場佔有率的同時，透過適當降低鋪貨密度，間接為小型零售終端劃分銷售範圍，如同區的小型零售終端中每 3 家選取 1 家，從而避免惡性競爭。

6.對終端商做好促銷支援

定期在一些配合較好的小型零售店做一些促銷活動，此舉對於激勵店主進貨，促進當地消費者購買產品，都具有非常好的效果。

每次小型零售店促銷後，小型零售店總要熱銷一段時間，令店主非常滿意，隨之進貨量也增大起來。

要注意的是，在小型零售終端對消費者開展促銷活動的同時，也要對小型零售終端開展促銷。如果只對消費者促銷，則小型零售終端的積極性會大大降低，畢竟小型零售終端也是很「現實」的。要想取得產品推廣的成功，就必須使得消費者和小型零售終端都不落空，這樣才能激發小型零售終端的積極性。

7.定期進行情感溝通

廠家為小型零售終端提供專業性指導，可以大大促進店主對廠家的信任與依賴，此舉能長久獲得小型零售終端的銷售支援。

業務員定期上門瞭解小型零售終端的經營狀況、店主主要的具體需求等信息，並把店主及其家人的興趣、愛好、生日等都登記在冊，做個性化的感情交流。廠家要做好店主關係管理，和小型零售終端建立良好的關係，使其主動向顧客推薦產品。

不少小型零售終端是夫妻店，他們缺乏銷售產品的專業知識，在經營上存在很多的偏失，他們亟需借助外部力量來提升自己的經營水準。因此，廠家為小型零售終端提供專業性指導，可以大大促進店主

對廠家的信任與依賴，此舉能長久獲得小型零售終端的銷售支援。

⑴指導小型零售終端的銷售工作。廠家指導小型零售終端的銷售工作，包括產品賣點的介紹、推銷技巧、商品的陳列展示、POP 廣告的支持和顧客抱怨處理等工作。產品鋪給小型零售終端以後，可能產品暫時不暢銷，這要求業務人員開動腦筋，發現存在的問題，然後以此為基礎，找到解決的辦法。

⑵贈送《零售店經營指導手冊》。廠家可以編制《零售店經營指導手冊》，最好分期出版印刷，針對小型零售終端遇到的各種問題，給予專業性解答。在指導小型零售終端的銷售方面，寶潔做得很有特色，他們專門為小型零售終端編印了報紙──《店鋪萬事通》贈閱，由於報紙版面精美，內容實用，受到小型零售終端的歡迎。

《零售店經營指導手冊》的內容一般包括：店的選址，店面的裝修，產品的採購，產品陳列生動化，小型零售店的宣傳方法，促進產品銷售的方法，與社區消費者建立良好關係的方法，以及庫存管理等。

三、激勵終端零售商的具體目標

激勵零售商必須要有明確的目標。只有具體目標明確，才能有的放矢，才能根據目標制定有計劃的激勵方案，才能透過激勵得到你真正想要的東西。顯然，具體目標不同，那麼激勵的具體措施也就不同。

康師傅的獎勵措施：

一是針對經銷商實行坎級促銷。坎級第一階段：1999 年 5 月 20 日至 6 月 30 日，其坎級分別為 300 箱、500 箱、1000 箱，依坎級不同獎勵為 0.7 元/箱、1 元/箱和 1.5 元/箱。該階段將坎級設定較低，但獎勵幅度較大，主要是考慮到新品知名度的提升會走由城區向外埠擴散的形式，在上市初期要廣泛照顧到小經銷商的利益，而小經銷商多分佈在城區。此後又進行了坎級第二、三階段的促銷，都取得了較好的效果。

二是針對零售店開展「返箱皮折現金」活動。於 1999 年 5 月 20 日至 6 月 30 日針對零售店進行「返箱皮折現金」活動，每個 PET 箱皮可折返現金 2 元，此項舉措為飲品常見之促銷政策，推出前一週內，市場反應一般，但由於受經銷商的宣傳及市場接受度的不斷提升，零售店對康師傅瓶裝清涼飲品系列的接受度直線上升，到 6 月中旬，康師傅瓶裝系列在零售店鋪貨率達到 70%。

三是針對零售店推出「財神專案」活動。於 1999 年 7 月至 9 月推出「財神專案」，其目的在於增加零售店內產品陳列面、增加產品曝光度和鋪貨率。即規定獎勵的條件，達到獎勵條件的，每陳列 2 瓶指定產品即送清涼飲品系列 1 瓶，此項促銷政策一經推出即受到零售店的一致認同，「財神專案」連續執行 3 個月，康師傅在終端的鋪貨率和曝光度得到極大提升。

如果你自己都沒有弄清楚為什麼要激勵零售商，自己都沒有弄清楚要達到的具體目標是什麼，只是為了激勵而激勵，你說你的激勵措施會有效嗎？你怎麼能保證你在零售商身上的投入不會打水漂呢？

⑴新產品上市，為減少鋪貨阻力，加快鋪貨速度；

⑵相對於同類競爭產品，爭取零售商更多的推薦機會；

⑶鼓勵零售商進更多的產品，以此來搶佔零售商的資金，阻截競爭對手；

⑷爭取較好的陳列位和更多的陳列面，做好理貨、補貨工作，保

持最佳陳列效果；

⑸爭取較好的售點廣告位置，並能較好地保存宣傳品；

⑹鼓勵零售商向企業回饋零售終端的信息；

⑺鼓勵零售商維護零售價格的統一；

⑻透過零售商向消費者發送宣傳品；

⑼激勵零售商配合開展對消費者的促銷活動；

⑽給零售商提供相應的銷售工具，以便更好地銷售產品。

四、如何設計合理的激勵策略

在零售終端，零售商的推薦對產品的銷售起著舉足輕重的作用。企業為了贏得零售商的支援，都爭相做好對零售商的激勵，但激勵零售商是有策略的，如果弄得不好，有可能還會起到反作用。因此，要激勵零售商，把握正確的激勵策略是至關重要的。

1. 給零售商的利潤重在合理

給零售商的價差利潤首先要合理。什麼叫做合理呢？也就是給零售商的價差利潤，不能過低也不能過高。那麼過低過高的標準又是什麼呢？所謂過低過高是相對於同類產品的平均利潤而言的。而且，需要確定價差利潤的，一般也是指新產品或新品種。

合理或稍高的利潤對提高零售商的積極性是有利的，但利潤又不能過高，這裏關鍵是要把握好一個「度」。零售商的利潤空間越大，終端零售價格就越難管理，過高的利潤如果管理不好是難以持久的。另外，過高的利潤還容易激化零售商之間的競爭，從而造成對市場的負面影響。

因為零售商只有把產品賣給消費者才能拿到這個利潤，為了追求高利潤，零售商之間就會展開爭奪消費者的競爭，競爭到一定程度，就會打價格戰，而且過高的價差利潤又提供了打價格戰的空間。打價格戰的結果是什麼呢？零售價格越走越低，中間價差越來越小，不僅破壞了終端價格的統一，而且零售商的利潤越來越薄，最終還是沒賺到錢，而且弄得零售商怨聲載道。

在確定零售商的價差利潤時，通常要考慮以下幾個因素：

一般來說，如果你的產品是新上市的產品，那麼你給零售商的利潤要稍高一些；如果你的產品是不知名的產品，相對於其他知名品牌來說，那麼你給零售商的價差利潤要比平均利潤稍高一些；相反，則可以稍低一些。

相對於競爭品來說，如果你產品的競爭力處於劣勢，那麼你給零售商的價差利潤要比平均利潤稍高一些；相反，則可以稍低一些。

在終端消費者的啟動上，如果你的產品在廣告和宣傳的投入上較小，也就是「拉力」較小，那麼你給零售商的價差利潤可比平均利潤稍高一些；相反，則可以稍低一些。

公司透過內部報紙，向基層幾千家零售商發佈消息：將評選 10 大零售商。

具體辦法是：在每箱產品(一箱 200 小包)中放置一張抽獎卷和幾張調查問卷。抽獎券分正、副兩聯，零售商保存正券，以備查詢是否中獎及參加兌獎；在副券上填好姓名、地址、郵遞區號，並把副券與填好的問卷一起寄回益農公司，化工公司根據零售商寄來的抽獎副券數量的多少，評選出 10 大零售商，每人獎 29 英寸彩電一台，這種銷售競賽活動能刺激銷售實力較強的零售商多進貨、多銷貨。

大多數銷售能力較弱的零售商不可能爭當 10 大零售商，到底如何刺激他們進貨、銷貨的積極性呢？化工公司的辦法是：對於所有在 9 月 30 日之前(以郵戳日期為準)寄來的抽獎副券，於 10 月 31 日進行抽獎。設一等獎 5 名，每名獎 29 英寸彩電一台；二等獎 20 名，每名獎 25 英寸彩電一台；三等獎 20 名，每名獎 VCD 影碟機一台；四等獎 50 名，每名獎自行車一輛；紀念獎 1000 名，每名獎精美禮品一份。對中獎者將用專函通知。由於這種抽獎完全是碰運氣，有可能寄來 1 張抽獎副券就能中獎，也有可能寄來多張抽獎副券也不能中獎，因此能有效地刺激大多數實力較弱的零售商參加這一活動，使他們多進貨、多銷貨。

2. 激勵應當具有競爭力

激勵政策要有競爭力。操作時要注意以下幾點：

⑴企業的激勵方案要與競爭對手形成差別。

如果與競爭對手的激勵政策雷同，就容易比拼激勵政策，產生惡性競爭。所以，企業不僅要滿足零售商的需求，而且要滿足零售商未被競爭對手滿足的需求，或者是被競爭對手忽略了的需求。

要與競爭對手形成差別，企業就要考慮這些問題：在滿足零售商的需求上，直接或間接的競爭對手做過些什麼？有那些需求是被競爭對手所忽略了的？如何制定激勵方案才能與競爭對手形成差異化優勢？對於企業的激勵方案，競爭對手可能會有什麼反應？

⑵滿足零售商的需求，企業所給的確實是零售商想要的。

企業的激勵方案首先要保證滿足零售商的需求，否則根本就起不到激勵作用。要滿足零售商的需求，企業就要考慮這些問題：如何對零售商的需求進行細分，零售商有那些需求？不同類型的零售商有那些個性需求？零售商有那些需求或潛在需求尚未得到滿足？有那些空白點？是否有同樣能達到目標的更經濟辦法？

⑶透過激勵要能達到企業的正確目標。

企業必須十分清楚自己需要零售商做什麼和怎麼做，激勵政策的最終目的是從零售商那裏得到企業所需要的，是為了能夠達到企業的真正目標，而且不會產生短期行為或負面效果。要做到這點就要考慮這些問題：企業所選擇的激勵措施能保證達到自己的目標嗎？會不會產生短期行為或負面效果？

針對超市堆頭、返點等費用日愈趨高的情況，某食品罐頭公司提出了「以獎勵的形式代替堆頭費用」的終端策略，在全國各大賣場開展「椰樹堆頭陳列評比活動」，利用市場競爭機制和激勵機制，激發超市主管、店員積極做好商品陳列和日常維護工作。

春節期間，在數百家超市陸續開展「椰樹產品堆頭展示評比活動」。活動開展期間，購物高潮期，醒目、整齊的椰樹堆頭陳列配以精美的背案牌、賀年海報和宣傳燈籠串，洋溢著喜慶的節日氣氛，吸引了眾多消費者，對元旦、春節促銷活動起到了宣傳造勢的作用。

五、加強對零售商的銷售指導

製造商的跑單員，他們代表著企業的形象、商品的形象，必須具備一定的基本條件，如強烈的敬業精神、敏銳的觀察能力、良好的服務態度、說服能力。除此之外，作為直接與小型零售商打交道的跑單員，他們更富有經驗，更懂得人情世故，更容易贏得零售商的信任，為他們所接受。

跑單員不僅要說服零售商購銷本企業的商品，而且還應當幫助他們賣點的介紹、推銷技巧、商品的陳列展示、售點廣告的支援、意見處理回饋等工作。在指導零售商的銷售方面，寶潔做得很有特色，他們專門為零售商編印了報紙——《店鋪萬事通》，免費贈閱。報紙版面精美，內容實用，受到零售商的歡迎。

六、降低零售商的風險

免除零售商的後顧之憂，降低商品滯銷給他們帶來的風險。零售商資金較少，預測市場未來變化的能力有限，經營作風比較謹慎，每次進貨的數量少，而進貨的頻率較高，對新上市的商品或本店未曾銷售過的商品往往持懷疑態度。製造商可以採取適當的措施打消小型零售商的顧慮，激發他們進貨的積極性。

⑴承諾無條件退貨，製造商對自己的商品在某些零售商處的銷售前景充滿信心時，可以這麼做。在採取措施增強零售商進貨信心的同時，製造商的跑單員應注意回訪，間隔時間不宜過長，補貨應及時。

⑵採取全部商品代銷或第一批商品代銷的方式，知名度不高的商品往往做此選擇。

⑶向他們承諾若銷路不好，可以調換本企業的其他暢銷商品，統一、娃哈哈、樂百氏等在推出新品時都做此承諾。

企業有必要採取措施來保障零售商的利益，提高零售商的積極性，否則，企業必將自食其果。如果企業對零售商缺少激勵，忽略零售商的作用，使零售商的利益得不到保障，那麼零售商就會放棄不能帶來滿意收益的產品，使產品退出市場。尤其那些弱勢品牌更是如此。

七、如何有效地控制終端銷售商

終端網點散亂，分佈在區域市場的各個角落。商場、超市終端相對比較規範，集中在市場的中心或者居民聚居的中心點；酒樓、飯店終端在區域市場也有章可循。終端當中最頭痛的當數零售終端。它們地點分散，分佈在城市、鄉鎮、農村的各個角落中。如何控制終端、管理終端成為區域市場經銷商最重要的工作。

為什麼企業做終端有的一做就活，有的一做就死，有的一做就停？企業必須對終端風險和終端計劃、投入產出比、產品分類適應性做出全面客觀的分析。其實終端主要是做給批發商看的，並且其最終目的主要是為批發商服務的，是為批發商鋪通出貨之路，從而提高它們的積極性。

終端只是做市場，管道(批發)才是做真正的銷量。可口可樂對終端只是考核鋪貨率和陳列，超市則重點宣傳終端、榜樣終端。

如果企業真的自己做終端或者是跳過批發商做終端，最終都會走進死胡同，會一做就停或一做就死。只有透過批發商做終端，並為批發商服務，才有可能成功，才會一做就活。

區域市場經銷商在終端控制和終端管理上必須做好終端系統管理、終端分銷陳列與終端分銷促進工作。

1. 終端銷售商系統管理

終端系統管理是控制終端的基礎工作，主要包括終端客戶資料庫的建立，終端客情關係的處理，終端維護何終端階段性評估等工作。

區域市場的經銷商必須善於利用銷售隊伍的業務拓展、業務管理，在車銷、預銷、拜訪以及網路維護中體現系統管理。當然，有條件的經銷商可以運用電子商務、ERP 或者 CRM 來管理終端，使終端的物流、信息流、現金流在規範的平台上運行。

2.終端分銷陳列

終端陳列一般由以下幾個要素組成，區域市場的經銷商只要抓好產品、氣氛、生動化和促銷工作，終端控制就完成了一大半。

⑴產品陳列

在區域市場終端產品陳列方面，經銷商應該根據不同類型的終端模式做不同類型的規劃和設計，使產品既融入終端貨架，又具有一定的美感及良好的視覺衝擊力，同時還要力求和同類產品、競爭品牌區分開來。

在終端貨架空間佔有方面，經銷商還要充分考慮陳列位置的優化組合。寸土寸金的陳列位置，我們必需對其充分利用，並把有限的貨架位置佈置得與眾不同，突出自己的品牌形象。例如酒店終端，我們可以利用吧台的空間做精美的樣品託盤；在商場、超市，可透過生動化堆頭來完善產品陳列等等。

⑵終端銷售氣氛的製造

在終端，可以採用 POP、氣球、品牌形象背景板、專用展櫃、展台，音樂、畫面以及各種各樣的遊戲活動來製造賣場的氣氛，刺激消費者的視覺、聽覺、感覺；在白酒銷售中，經銷商還可以透過白酒的免費品嘗、贈飲等系列活動，加深消費者的體驗。

⑶產品生動化設備

生動化設備在終端設置主要是為了滿足產品的個性以及品牌的個性，另外在創造銷售氣氛方面有著良好的促進作用。有時一個好的設備本身就是良好的促銷工具，如釀酒設備、專用酒具、酒櫃、自動銷售櫃等等。在城市，現代時尚風格的生動化設備比較受歡迎；而在農村，生動化的設備必須借助於農村消費者喜聞樂見的花鼓、樂隊、秧歌或者高蹺來表現。裝備生動化的設備才能吸引眼球。

⑷品牌信息、促銷信息傳遞

品牌信息指在產品賣場上向顧客傳達的品牌承諾、品牌利益以及和競爭品牌差異化的信息。促銷信息指購買的好處。如電視專題播放、折扣價簽、特賣牌、贈品展示、買幾贈幾、大包裝、現場促銷活動和賣場廣播等，都是比較好的方式。

3.終端分銷促進

在經銷商控制終端過程中，運作各種分銷促進的手段及方法，也是加強終端分銷競爭力的重要手段之一。終端分銷促進主要表現在以下兩個方面：

⑴銷售促進

主要包括對消費者的終端促銷，如打折、抽獎、現場促銷等手段。另外，在各大賣場出現的導購服務，也是比較好的方式。導購服務主要表現在現場導購方面，透過導購人員的講解、推薦和演示，激起消費者的興趣，使消費者認可產品並為之滿意。對現場銷售人員採用按件提成，對現場銷售經理或主管採取有效獎勵等方式，也屬此列。經銷商可以利用自身在區域市場的關係，激發各種積極因素來加強銷售，加強對終端的促進。

⑵事件行銷、公關行銷促進

終端分銷促進也表現在利用特殊節日、特殊事件開展贊助活動以及與終端賣場的公關及爭取更好的分銷競爭機會等方面。這種促進手法花費的資金比較大，區域市場的經銷商需要取得廠家、企業的配合，經過嚴密的策劃後實施。

控制終端的目的是為了實現更大的銷售目標，尤其對於區域市場的經銷商來說，終端系統管理、終端分銷陳列、終端銷售促進能夠有效地實現對網路的精耕細作，實現對網路的全面控制。

八、針對終端銷售商的配送協助

配送能使產品在出廠後迅速到達零售終端，把商品銷到市場的每一個角落，使消費者能「隨時隨地購買」。眾多的小型零售終端分散在不同的區域，分佈廣泛而且位置複雜，小型零售終端資金薄弱，不願壓貨，進貨量小但頻率高，配送及時到位是做好小型零售終端的一大難題。

這對廠家的物流配送提出了較高的要求，而且人員配置和運輸等物流成本也比較高。那麼廠家如何做好對小型零售終端的配送呢？

1. 推出配送補貼的銷售政策

為了鼓勵經銷商的精力向小型零售終端商傾斜，廠家可以推出小型零售終端配送獎勵制度，這樣就解決了經銷商運作小型零售終端配送費用高的問題。

如百事可樂 2002 年調整了銷售政策，經銷商銷售 1 件百事產品，有 0.5 元/件的利潤，還有 1 元/件的送貨補貼。

2. 透過批發商來完成配送工作

一批商直接面對分佈分散、數量龐大的小型零售終端很困難，基於此，廠家可以透過設立批發商來解決這一配送難題，批發商可覆蓋附近一定數量的小型零售終端，對小型零售終端的服務能力大大提高了。

3.供應商聯盟，組建物流配送中心

要降低小型零售終端物流配送成本，廠家也可以與不構成直接競爭，而通路又近似的經銷商或廠家結成供應商聯盟，組建物流配送中心，將物流配送任務按片區劃分到各成員，互相協助配送，這樣可以用低成本的物流來運作小型零售終端。

4.透過專門的配送商進行配送

現在對小型零售終端的配送越來越專業化，很多大城市出現了專門的配送商隊伍，他們不屬於經銷商，也不屬於廠家，他們聯合把市場上的暢銷商品大批量買進，爭取廠家的扣點，力爭把商品單位進價降到最低，再透過各處的管道把商品送到各零售點。

廠家可以考慮和專門的配送商合作，把小型零售終端的配送工作專門交給配送商，透過他們對小型零售終端進行配送，如此能降低配送成本，但小型零售終端的宣傳、拜訪工作還是應該由廠家或經銷商來做。

5.對傳統經銷商進行改造

有些傳統的批發商，仍習慣以「等客上門」為主的經營方法，或者對小型零售終端的配送能力不足。廠家要有針對性地對批發商進行改造，提高經銷商的配送能力，提高其終端運作能力。

如果是經銷商配送能力不足，例如缺少配送的車輛，廠家可以考慮在年終運刊政策中，制定專門的配送車輛的獎勵政策，鼓勵經銷商增購車輛用於廠家宣品的專項配送。

小型零售終端的店主都很「現實」，如果賣的產品賺不到錢，任

憑業務員說得再好，他也不可能幫助廠家銷售產品，可以說，小型零售終端「唯利是圖」的特點非常明顯。跟經銷商相比，小型零售終端很難得到廠家返利的機會，更不要說廠家的促銷支援、設備提供了，一年辛苦所得，只有微薄的價差利潤可以賺取，因此如果有某個新產品許以高額價差利潤，小型零售終端就會優先考慮做重點推薦。

心得欄 ------------------------------------

終端零售店的價格管理

針對終端零售商的價格管理，和銷售利潤密切相關，它直接影響批發、零售的開發，企業對價格的控制應是非常嚴格的，隨意的價格變動會給市場帶來嚴重的負面影響。

正確的價格支持法，廠商要規定正常的各級價差不能隨意變化，但是為了加強銷售終端競爭力，提高批發和終端的積極性，在必要時應給予明獎暗返。

一、首先要構建銷售網路

對於銷售終端網路，不能只依賴於零售商，如果想把市場做深做透，將銷售觸角延伸到每一個角落，還要與批發商建立起聯繫。只有建立規範化的銷售網路，才能提高產品的快速滲透能力。

有效銷售網路的建立有利於達到佈局合理、深度分銷、加強送貨能力、提高服務意識、順價銷售、控制竄貨的目的。因而，廠商應對所有經銷商合理佈局、劃分責任銷售區域，消滅銷售盲區，保證經銷商在所劃分區域內獨家銷售企業產品的權利，避免因經銷商銷售區域交叉導致無謂的內耗式競爭。

要達到這樣的要求，最重要的前提是必須明確經銷商的權利和義務。把一個市場分給一個經銷商經營管理，也就是說這個市場就是一家經銷商的自留地，只要經銷商耕耘好就會有好收成。變經銷商的被動為主動，積極配合企業共同做品牌的長遠戰略規劃，提高經銷商對公司的忠誠度和對產品的認同感，自覺地加強其責任感，提高經營管理能力和市場開拓能力。

以廠商的雙贏政策和系統管理讓經銷商意識到：市場是大家的，品牌是廠商共有的，利益是共同的。經銷商有責任在市場上進行製造商共同開拓和維護終端，不斷提高市場佔有率，不斷提升產品的品牌形象。

經銷商網路建設的公式是：佈局→選擇→引導、培養→管理、控制，最後達到共同擁有市場。

1. 佈局

就是要根據企業的目標市場、品牌影響力、銷量、產品特點、銷售戰略目標等來設定一個長期可持續發展的通路設計佈局方案，是設全省總經銷，還是每個地市、縣設置密點網路、還是各地級城市設置專賣店。佈局必須合理，而且要具有前瞻性，否則將為今後的發展留下隱患。

2. 選擇

經銷商的選擇非常重要，有人說「選好一個經銷商，是銷售成功的一大半」。此話一點不假。

選擇經銷商的主要條件有七個：經營理念，行業的熟悉程度，資金、信譽情況，運力和人力，倉儲能力，對公司產品及公司政策的認同度，現有二三級網路情況。

3.引導、培養

廠商合作有一個磨合的過程，如何使經銷商符合企業的要求儘快開發市場、提升銷量，執行公司的回款和促銷政策等等，這需要製造商的業務員在磨合期內做大量的溝通、客情、宣傳和引導工作。對於經銷商的引導、培養工作必須落實到具體業務身上，只有優秀的業務員才能培養出優秀的經銷商。要在具體的產品和市場運作中去引導、培養經銷商，透過具體的市場目標的配合和成功運作，讓經銷商從中看到希望、獲得利潤。只有透過正確的引導和培養，經銷商才可能成為製造商拓展市場可以依賴的主力。

4.管理、控制

安全庫存的管理、進貨管理、資金管理、客戶檔案資料管理、銷售數據分析、倉庫管理、品類管理、產品生產日期管理、配送運輸管理、銷售人員管理、新產品上市推廣、跨區域竄貨管理等等，都要弄清。因為廠商之間既是統一的，又是矛盾的，對於經銷商的管理並不是一件容易的事，許多企業失敗在經銷商的管理上，只有透過有效的管理才能達到有序的控制，只有廠商合力才能真正擔負起拓展市場的重任，最後才能達到共同擁有市場的目標。

二、管理好批發商

在管道建設中，銷售環節越多，花費的成本越高，效率越低；反之，如果銷售環節減少，就能降低成本，提高銷售效率。因此縮短銷售管道，直接面向消費終端，這是市場銷售發展的必然趨勢。

按目前的網路勢態，重視終端，必須強化批發商的建設和管理。加強對批發商網路的建設和管理，是一項承上啟下的關鍵工作，它既可延伸經銷商的網路、加強經銷商的實力，做得好的批發商不僅是完成正常商品的分流，更可以是經銷商的分倉庫，還可以提前將資金打入經銷商的帳戶，協助廠家和經銷商做好產品的推廣工作等。

1. 佈局

要根據區域實際情況和產品的特徵進行合理佈局。在經銷商有能力直接服務終端的區域就不必重覆設置，並要防止交叉和空白，留有發展空間。

在管道建設中，銷售環節越多，花費的成本越高，效率越低；反之，如果銷售環節減少，就能降低成本，提高銷售效率。因此縮短銷售管道，直接面向消費終端，這是市場銷售發展的必然趨勢。

2. 選擇

掌握選擇批發商的標準最為重要，以經營意識新、服務意識強、勤快、吃苦耐勞為主。以運輸條件、資金實力為輔，作為選擇批發商的主要條件。批發商的選擇不當會嚴重影響產品的銷售，如一個小區域內有三家批發商在做公司的產品，而且實力相當，這時的盲目選擇一定會出問題的。正確的方法應該是：一種方法是，給三個月的時間讓他們相互競爭，看誰做得好，誰最符合公司的要求，這樣做不僅三個月的銷量會明顯上升，而且一旦選定後其他兩家也是心服口服。另一種方法是，表面上三家政策是一樣的，但暗中扶持一家，將他培養大，做穩了再公開。

3. 加強管理

⑴要對批發商進行分類管理。對於批發市場的批發商要加強價格控制，一般比特約批發每箱加 0.2～0.5 元；對於大批發要監控他的貨物流向；對於區塊的特約批發要求直接服務終端，不僅是分區域，還要細分到具體的終端店鋪。

⑵透過會議、業務員定期拜訪及跑單員協助其終端服務和管理等措施，加強對批發商的管理。

⑶透過累計銷售額和鋪貨率等指標計算其返利，從而加強對批發商的管理和控制。

⑷定期組織批發商對各批發分管區域的工作進行實地檢查，加強其凝聚力和責任感，透過樹立榜樣鼓勵大家努力進取。

⑸正確引導和培養是關鍵。銷售主管和經銷商要根據批發商的區域和特點，進行及時有效的引導。

⑹客觀分析市場，明確行銷思路，落實運作方案。

⑺協助批發商理順上下關係，建立良好的工作程序。

⑻嚴格遵守順價銷售政策，嚴格控制跨區域低價沖貨。

⑼堅持做區域經營的精耕細作，提高服務意識和送貨功能，加強庫存管理和成本核算。

⑽派跑單員協助批發商，建立健全終端服務網路，提高產品見貨率，加強陳列和促銷，努力提升品牌的美譽度。

三、透過批發商控制終端零售商

終端只是做市場，管道(批發)才是做真正的銷量。對終端只是考核鋪貨率和陳列，超市則重點宣傳終端、榜樣終端。如果企業真的自己做終端或者是跳過二級批發商做終端，最終都會走進死胡同，會一做就停或一做就死。只有透過二級批發商做終端，並為二級批發商服務，才有可能成功，才會一做就活。這提供綁住批發商和零售終端的策略供參考。

1. 簽訂協議

經銷商與企業之間一般來說是有協定的，透過協定的合作和約束可以初步形成一個有組織、有計劃的戰略聯盟。而批發商、零售終端往往是各自為陣的散戶，他們是什麼產品好賣就賣什麼產品，什麼產品有利潤就賣什麼產品，同一產品誰家的便宜、誰家送貨及時、誰家服務好就賣誰的。貨流的管道和形式是自由流通，交叉進貨。這就為無序競爭、惡性竄貨提供了基礎。解決的主要方法是透過協議，將各自為政、一盤散沙的批發商、零售商納入廠商的網路管理範圍，使批發商、零售商覺得有歸屬感，有協定的支援和制約。在沒有外來重大的誘惑下，他們會按照協定經銷廠商的產品。

某企業實行三方協議管理零售商，三方協定是廠家、經銷商(批發商)和零售商共同簽訂協定，不僅規範了經銷商(批發商)的出貨價，而且規範了零售商的進貨管道和終端零售商價格，經銷商(批發商)還必須對下線零售商的價格進行管理和控制。透過三方協定管理終端網點，直接規範產品銷售通路和零售價格，從而實現整個銷售網路的精細化管理。

例如企業因為非特約批發的到處倒貨擾亂了正常的市場秩序，發現一個就把他們找來簽協定，透過協定起到了良好的約束作用。該企業稱這種方法為「招安法」。

某企業透過協議發展了零售榮譽商店，大大加強了市場的競爭力，使銷售旺點的大批零售店專賣獨家產品，為競爭品牌設置了進入市場的障礙。

2. 人員支持

廠商對批發、零售最直接的支援莫過於人員的支持。如為了加強終端對抗優勢，企業組建跑單員隊伍、促銷員隊伍對批發商、零售商進行人員支持。

由跑單員分區域進行終端開發、終端維護，挨家挨戶拜訪終端，幫助經銷商、批發商拿訂單。

例如：2014 年統一、康師傅率先採用大批量 5 萬多名跑單員，對批發商進行人員支援，對終端進行人海戰術的直接肉搏戰，一舉獲得成功，統一、康師傅的茶飲料、果汁飲料經過短短三四年的培育，超過了可口可樂和娃哈哈這樣頂級的飲料巨人，躍居第一品牌。

3. 會議、信息

透過召集經常性的區域內的批發商、零售店參加的訂貨會、新產品介紹會、促銷政策告知會、銷售獎勵兌現會等會議，加強與批發商和零售商的溝通和聯絡，透過會議和信息支援，爭取他們對終端工作的保持。

4. 促銷支持

促銷是行銷四要素之一，在競爭越演越烈的今天，商品促銷工作日益顯得重要。但是不少經銷商、批發商為了自己眼前的利益，截扣製造商的促銷品和促銷費用，使製造商的促銷政策不能到達終端，終端不能透過促銷形成商品的銷售高潮，甚至使終端零售商與批發商產生矛盾和意見。對終端進行促銷活動的支援不僅可以提升商品的銷量，還能加強批發與終端的合作、客情、默契等關係。一個成功的產品想要真正得到終端和消費者的支援，必須要在管道開發、終端建設初步完成之後，及時地推出強有力的終端促銷活動以起動消費。

5. 廣告宣傳支持

企業進行廣告宣傳，提高產品知名度，幫助零售商銷售產品。在廣告宣傳上給予支持是企業對零售商常見的支持方法。

廣告宣傳品包括產品說明書、使用指南、海報、店堂招牌、彩旗、燈箱廣告和廣告禮品等。企業在做媒體廣告時，附上經銷其產品的大型零售商名稱，其目的是向消費大眾告知可購買該產品的地方。這種方式提供給零售商一個吸引顧客的方法，在新產品的上市階段，或是開發新的大型零售商時，此種「列名廣告」有比較大的效果。

人們稱產品的終端對抗為地面部隊的作戰，而產品廣告宣傳則是空中的轟炸機，只有空中轟炸與地面部隊跟進二者有機的結合才能取得理想的戰果。所以在終端開發初見成效，鋪市率達到 60%以上，終端陳列、終端促銷等工作跟進之後，要及時給予終端以廣告宣傳的支援，除了合理的安排廣告投放計劃之外，還要將廣告、宣傳計劃和進度告知終端，讓終端將企業的產品訴求傳播與終端陳列、POP 及店員介紹統一起來，強化傳播的功效。

6. 協定加盟或專櫃支援

啤酒公司在推廣啤酒時，對餐飲店的獎勵政策是：餐飲店承諾每個月銷售規定數量的啤酒，並且店內只銷售該公司的品牌，雙方簽訂協定後，該公司即為該店製作店名燈箱 1 隻。

要想鞏固已開發的終端，要想維護重點終端，根據「二八原理」，需要對能夠產生主要效益的重點終端進行特殊政策或特殊方法的鞏固和鎖定。利用協定加盟或設專櫃等支持，將這部份核心終端鎖定為排他性的終端，有利於廠商核心競爭力的形成和基礎市場的建設，有利於廠商資源和品牌影響力的積累，有利於進一步地擴大市場。

7. 買斷經營和利潤支援

對於引起高贏利的終端、「兵家必爭之地的終端」，來來回回實行拉鋸戰，不如集中資源進行買斷經營，也就是說給予這類特殊終端以利潤支援，只要你全部賣我家產品，並達到一定的陳列、推薦、銷量等要求，我就保證你的年利潤達數萬至數百萬元。

例如專做餐飲酒水、飲料的經銷商，用每年 500 萬元給予酒店的利潤支持費用，買斷了 10 家較具規模大酒店的全部酒水、飲料。

所有製造商的產品想進這些酒店必須透過它來經營，避免了在惡性競爭中無謂的損失，結果是輕輕鬆鬆做生意，穩穩當當賺大錢。

四、要有效管理零售價格

廠家為了更良好地控制銷售價格，就要管理好<包括批發商直到終端零售商>的全部通路成員，管理得越細，對終端焦點的價格控制力也就越強。

1. 制定價格政策

產品價格與銷售利潤密切相關，它直接影響批發、零售的積極性，企業對價格的控制應是非常嚴格的，隨意的價格變動會給市場帶來嚴重的負面影響。正確的價格支持法應該是：廠商規定的正常的各級價差一般情況下不能隨意變化，但是為了加強終端競爭力，提高批發和終端的積極性，在必要時應給予明獎暗返。明獎作為一種激勵，對於做到一定銷售量或達到某種先進標準的，給予獎勵，不僅讓他拿得開心，還為別人樹立了榜樣；暗返作為一種價格支持，對於有支持必要或有支援價值的客戶，給予一定的利潤支持，讓他感到自己是唯一的。這種方法運用得當有助於核心客戶群的形成，有助於客情關係的加強，有助於市場競爭的加強，有助於銷售量的提高。

與零售商簽訂協定，要求零售商打入保證金，規定不得低於指定價格銷售，如經查有自行降價行為，按協議給予罰款，另外，也要從正面激勵零售商遵守價格管理，可以對零售商推出價格執行獎。

用協議來制約、控制零售商的銷售行為，透過贈送產品、年終贈送紅包或者返利等其他方式來促進銷售，這樣零售商就不至於隨便將價格降下來。因為降價要付出更多的代價，從而保持終端零售價格的穩定。

2. 監察終端價格

在制定了完善的價格政策以後，廠家還要嚴格監控價格體系，並及時處理零售商的亂價行為。廠家要派業務員進行巡視和監督，及時掌握價格狀況，對於違反價格政策的零售商要堅決給予懲罰，如罰款、貨源減量、停止供貨、扣留返利甚至取消其經銷權等。

廠家業務員在每次終端拜訪過程中，都要注意產品售價的變動情況，如果遇到反常的價格變動，要及時追查原因。

某啤酒企業的啤酒在市場零售價為每瓶 2.5 元，公司要求零售商不能降低，誰違反了規則，就取消誰的經銷資格。

為了及時掌握價格狀況，該公司為此招聘了 45 名「價格監察員」，這批監察員每月拿薪資，每天的任務就是在商店內巡視，監督零售商是否遵守公司的價格政策。這樣，全市大小商店價格全部是統一的。

3.防止滯銷產品衝擊零售價格

要對產品在終端售點的銷售情況進行跟蹤，如果有滯銷現象，廠家馬上採用促銷手段幫其出貨，或者給其換貨，把不好銷的品種換為好銷的品種。出現滯銷現象，終端零售商為了把庫存的產品儘快銷售完，往往會直接降價銷售，這樣會使整個終端零售價格降下來。

4.價格賣穿後的現象

產品零售價格賣穿主要有兩種情況，一種情況是通路價格混亂導致零售價格混亂，另一種情況是供貨價格保持穩定，但零售商惡性競爭把價格賣穿了。通常來說，前面一種情況發生更多一些。

產品零售價格賣穿了以後，如果企業袖手旁觀，零售商很快就會失去銷售興趣，產品有可能很快就退出市場。

有白酒企業的經理，快年底時，為銷售任務沒完成而苦惱。後來，他想了一招，對所有零售商進行了一次大規模的促銷活動，激勵零售商大量進貨，每進一件產品獎勵現金若干元。零售商們覺得有利可圖，就大量進貨，當時企業的出貨量確實不錯。

但事實上，因為產品的終端銷量並沒有相應增加多少，零售商進的貨並沒有順利地賣到消費者手中，於是造成了大量的產品積壓。由於每個零售商都進了不少貨，為了儘快處理積壓的庫存產品，回籠被佔用的資金，零售商們就爭相降價甩賣，這樣一來，造成了該市場產品零售價格一片混亂，零售價格越賣越低、面對這種局面，該行銷經理心有不甘，卻實在是無可奈何。

價格賣穿具體而言表現在下述方面：

(1)以「進貨獎勵」來提高銷量。很多企業為了多做銷量，動不動就用「進貨獎勵」的方式來刺激零售商多進貨，從短期來看，確實可以在一定程度上提高零售商的進貨積極性，同時零售商為了把多進的貨銷出去，就會積極推薦你的產品。

有的零售商還會把一部份贈品、促銷品贈送給消費者，以此來拉攏消費者，從而與其他零售商競爭。

如果完全以「進貨獎勵」來提高銷量，則是非常危險的！對於一個零售商來說，其商圈是相對固定的，由此，它的終端消費量也是相對有限的，如果終端消化不了零售商多進的貨，而形成庫存，零售商就會把價格降下來，來刺激消費者購買。所以說，向零售商壓銷量，會造成事實上的降價銷售。

零售商把零售價格降下來，當然會導致其利潤減少。但零售商有企業的贈品、促銷品作為利潤補償，就眼前而言，零售商的利潤並沒有減少，甚至還能有所增加。

價格降下來後，要想再拉上去幾乎是不可能的。因為一旦消費者接受更低的產品價格，零售價格若再漲上去，消費者肯定是不買賬的。這就是所謂的「降價容易漲價難」。

最終的結果是形成惡性循環，零售價格越賣越低，中間價差越來越小，零售商的利潤越來越薄，零售商也就越來越依賴企業的贈品等物質獎勵來賺錢了。所以零售商的胃口越來越大，而企業給零售商的物質獎勵也就只能不斷加碼了。

零售商要麼拒絕銷售該產品，要麼採取消極態度，導致企業的產品在終端的銷售嚴重受阻。

企業原本想透過「進貨獎勵」來提高銷量，最終結果卻導致零售商不願意再銷售你的產品，斷掉了產生銷量的源頭。

其實對於零售商來說，由於零售價格越賣越低，零售商也沒賺到什麼錢。這是在激勵零售商嗎？這不僅不是在激勵零售商，反倒是在打擊零售商，間接剝奪了零售商的利潤空間。

⑵進貨價不一致，不一致的進貨價很容易誘發零售商降價銷售。特別是那些進貨價有優勢的零售商，會覺得讓一點利沒關係，這樣一來，就特別容易率先降價。

誰的零售價低，誰就有爭奪顧客的競爭力。因此，零售商為了爭奪顧客，用得最多、最直接和最有效的辦法就是降價。

⑶零售商的進貨價企業維護得很好，但其他原因導致零售商主動降價銷售，可能是因為產品滯銷、零售商庫存量過大，也可能是零售商為了獲得返利獎勵而為之。這些都是企業行銷管理不善造成的，可以從企業不完善的銷售政策和銷售管理中找到根源。

⑷還有就是零售商為了爭奪顧客，把這個產品作為「犧牲品」以低價來吸引顧客，從而造成產品價格混亂的局面。

這幾種情況才會導致產品零售價格賣穿。零售商的降價銷售會形成連鎖反應，你降價我就不得不跟著降價，於是形成惡性循環，如果不及時妥善處理，就會形成多米諾骨牌效應，這樣一來，總是有最低價出現，市場整體零售價不斷向最低價靠近，就會導致整個價格體系的崩潰。

消費者一旦接受了降下來的零售價，也就是價格「賣穿」了。價格差是產品流通的動力，如果中間價差太小，最終導致經銷此產品的所有中間商都無錢可賺，中間商就會轉向銷售其他獲利高的產品，該產品就會滯銷，甚至面臨退出市場的危險。

5. 價格賣穿後的挽救

產品零售價格賣穿了以後，如果企業袖手旁觀，零售商很快就會失去銷售興趣，產品可能很快就退出市場。那麼企業應該如何應對才能「亡羊補牢」呢？

⑴企業首先要找出零售商亂價的根源，這才是根本。只有這樣才能採取有效的補救措施。例如零售商降價的原因是因為行銷員為完成銷售任務而過量壓貨引起的，如果不調整企業的行銷政策和堵住行銷員管理上的漏洞，只是一味對零售商進行處罰，往往適得其反，會大大挫傷零售商的銷售積極性。

⑵零售價格已經賣穿、利潤又瀕臨底線的產品，是一塊「雞肋」，企業可以主動淘汰它，或者讓它自然退出市場。如果產品零售價格已經賣穿，但企業還有比較大的利潤空間，暫時還無法淘汰，對這種產品，企業可直接降低供貨價，讓出部份利潤，來彌補中間商的利潤，以免產品被中間商拋棄而退出市場。但如果企業不調整引發產品價格賣穿的銷售政策，不採取有利措施管控價格，那麼產品的零售價格很快就會再次賣穿。

⑶在兼顧價格體系管理成本的前提下，儘管隨著時間的推移，產品的零售價格會逐步降下來，但我們也要儘量延緩產品價格賣穿的時間。

我們可以透過推出新產品、新包裝、新品種和新品牌的產品來恢復產品的零售價格。因為新產品可以重新定價，自然也就可以保證通路和零售商有足夠的利潤。同時，新產品逐漸被顧客接受後，價格賣穿的產品自然就逐步退出市場。新包裝在注重提升產品檔次的同時，應繼承和適當保持原有的風格，如外箱、內盒應保持原有的基本色調，要讓消費者能一眼識別出新包裝是原來經常購買的品牌剛推出來的。

新包裝投放初期應進行一定的宣傳和促銷活動，目的是把老包裝的忠誠顧客吸引到新包裝產品上來；也可以選定某一宣傳促銷主題來推出新包裝，如可口可樂曾推出的「可口可樂動感互聯」、「慶祝申奥成功」、「小阿福恭賀新禧」等包裝都取得了很好的效果。

防止更換包裝帶來的風險，可在部份市場進行試銷，分階段推進。

心得欄

第 7 章

執行力強的終端零售店鋪貨策略

既然終端鋪貨如此重要，那為什麼仍然有很多企業沒有做好鋪貨工作呢？原因是鋪貨並不是你想鋪就能把貨順利鋪下去的。鋪貨難在那裏？難就難在鋪貨過程中所遇到的來自管道環節的種種阻力。也就是說，要實現迅速而成功的鋪貨，首要的問題是如何把鋪貨阻力減到最小。

一、廣告與鋪貨交替進行

廣告與鋪貨是企業終端工作中必須面對的兩個問題。然而，要分清兩者誰輕誰重，誰前誰後，據此給終端工作提供支援，並不是件容易的事。廣告鋪貨一般有兩種操作形式，一是廣告在前，鋪貨在後，即透過宣傳使消費者瞭解企業產品，熟知其功能、特徵，使消費者產生需求，從而拉動消費，促使經銷商和終端商主動要求鋪貨；另一種方法是鋪貨在前，廣告在後。事實上，不管那個在前那個在後，都各有利弊。

（一）鋪貨在前，廣告在後

1. 優點

⑴廣告投入風險較小。在鋪貨之前展開廣告攻勢，如因經銷商原因或其他原因，鋪貨不能順利進行，就會導致廣告回報打折甚至打水漂；如果先進行鋪貨，即使鋪貨不能順利進行，也不會導致廣告浪費。

⑵相對減少廣告投入。鋪貨到位後再展開廣告攻勢，將錢用在刀刃上，使看到廣告的消費者很方便地買到廣告中的產品，能促成即時購買，可以相對減少廣告的投入，或者減少廣告投入的流失，節省廣告費。

2. 弊端

⑴難以開發有實力的經銷商。有實力的經銷商，在廠商沒有投入廣告或廣告投入沒有真正到位前，一般不願意做市場開發。因此，此舉很難獲得實力強大的經銷商的支持。

⑵鋪貨阻力大。沒有廣告支持，鋪貨阻力大，鋪貨時間拉得很長，難以進行大規模的地毯式鋪貨，導致產品很難大規模推廣，同時還會出現疲態，消磨掉行銷人員和經銷商的信心。而且，鋪貨時間拉得太長，成本也高。

⑶容易造成市場「夾生飯」。在鋪貨率上去後，如廣告支援跟不上，就會導致產品滯銷，使剛上貨架的產品成了疲軟產品，最終導致零售終端因產品滯銷而全面退貨。而且，零售商一旦對產品產生「不好賣」的印象，就會失去信心，形成市場「夾生飯」。

（二）廣告在前，鋪貨在後

這種方式的重點是先刺激需求，然後以需求帶動產品的流通。一方面先打廣告可以使消費者產生認知，因為廣告效應具有滯後性，消費者對廣告要接受一定程度後才會產生購買行為，可以充分利用時間來安排鋪貨。

另一個重要方面則是廣告的投放利於對管道的控制，因為管道進貨往往受廣告的影響，甚至是一個主要的因素，因此在廣告後鋪貨，可以順利地使管道接受產品，縮短鋪貨的時間。採用這種方式最關鍵的是要對市場進行充分的調查，掌握消費者及管道對廣告的態度；同時也要做好充分的準備工作，在投放廣告的同時完成鋪貨的所有前期工作；另外，鋪貨時間要掌握好，可以在市場上造成期待心理後再鋪貨，但時間不能拖太長，以免使消費者的興趣降低。

例如，勁酒非常注重終端 POP 廣告的投入，POP 廣告與首次鋪貨同時進行，貨到廣告到，在首次鋪貨時，組織專人將鏡框式廣告畫、小紅繡球、圓球筆等配發、投放到位，並定期檢查、維護，利用廣告宣傳迅速提升品牌影響力，促進銷售。

1. 優點

⑴給予鋪貨有力支援，減少鋪貨阻力。廣告配合終端鋪貨，使經銷商和終端零售商感覺到這一產品是有廣告支援的，可以降低市場導入阻力。

⑵有利於集中、快速地大規模鋪貨。有廣告支持，鋪貨工作比較順利，大大縮短了鋪貨時間。鋪貨時間集中，有利於產品大規模推廣，同時又節省了鋪貨費用。

⑶有利於鋪貨時實現「現款現貨」。廣告宣傳已給企業產品樹立

了良好的形象。經銷商和終端商已對產品有一定的瞭解，消費者也對產品產生一定的認同，所以，企業有要求「現款現貨」的資本。

2.弊端

(1)如鋪貨嚴重滯後，就會造成廣告浪費。如果廣告先行，鋪貨卻因某種意想不到的原因受阻，或與廣告相應的鋪貨面偏窄，產品在銷售終端鋪開率不高，那麼即使廣告做的再好，也會導致廣告投入浪費。因此，廣告在前，鋪貨在後，在鋪貨之前展開廣告攻勢，廣告投資風險較大。

(2)如鋪貨嚴重滯後，就會導致看到廣告的消費者想買買不到。消費者的購買衝動不能及時、迅速地轉化為現實購買，那麼消費者的熱情就會退卻，導致鋪貨失敗。

（三）廣告與鋪貨交替進行

一般的廣告鋪貨策略有利也有弊，其實企業還可以利用創新的思維，開拓廣告鋪貨的新空間，使廣告鋪貨的效果更好。這種策略就是廣告與鋪貨交替著進行，兩者互相促進和補充。但採用這種策略應注意以下幾點。

①廣告前進行試探性鋪貨。試探性鋪貨是最好的鋪貨調查，透過試探性鋪貨可以瞭解經銷商、零售商對產品、鋪貨政策的態度，對企業產品廣告支援、廣告投放的意見和建議等。透過摸底調查，做到有的放矢，有針對性地制定廣告投放策略、媒體策略和鋪貨政策，可大大提高廣告與鋪貨的成功率。

②少量廣告支持第一輪鋪貨。對於第一輪的鋪貨可投入少量廣告支持，或「廣告先行，鋪貨緊跟」，或「廣告鋪貨同時進行」。這樣做

的目的是使經銷商、零售商感覺到這一產品是有廣告支援的，從而樹立經銷商、零售商經銷企業產品的興趣和信心，減少鋪貨阻力。

③廣告攻勢支持第二輪鋪貨。透過第一輪鋪貨，使鋪貨達到一定水準後，可展開第二輪大規模廣告攻勢。第二輪廣告比第一輪廣告投放量要大，持續時間要長，力度要強，以形成大規模廣告攻勢。

第二輪廣告的目的主要有兩個：一是繼續針對經銷商和零售商，進一步樹立其經銷企業產品的興趣和信心，從而將在第一次未能鋪貨到位和較難鋪貨的地方繼續鋪貨到位；二是啟動大量消費者，廣告與終端促銷相配合，激發消費者的購買熱情，有力地拉動終端消費。

④終端促銷緊跟各輪鋪貨。鋪貨只是手段，促進終端銷售才是最終目的。如果產品鋪貨到位以後，但是終端促銷沒有及時跟進，就可能使剛上貨架的產品變成疲軟產品，導致企業前期的鋪貨前功盡棄。而且，已鋪貨的終端售點如果不能儘快產生現實銷量，就會比那些沒有鋪貨到位的售點更糟。

產品上市，最重要的就是終端消費，沒有消費就沒有終端銷售，零售停滯就會反過來影響經銷商直至生產企業。因此，在重視產品鋪貨工作的同時，應當充分重視終端的消費拉動工作。

產品鋪貨到位以後，終端促銷一定要及時跟進，使廣告拉力與促銷推力相互結合，相得益彰。廣告激發消費者的購買慾望，產生購買衝動，而終端促銷使消費者看到廣告後產生的購買衝動及時、迅速地轉化為即時即地的現實購買，廣告拉力與促銷推力相結合，就能成功拉動終端消費，儘快形成銷售，促使已鋪貨的售點儘早出貨，從一開始就形成良好的終端銷售。

產品的暢銷會進一步引起終端注意，刺激經銷商和零售商的進貨意願，變生產企業被動鋪貨為經銷商家主動要貨，從而形成良性循環。以拉動終端消費的方式來向經銷商和零售商推銷產品，是最高明的鋪貨策略。

總之，要使廣告鋪貨產生良好的效果，就必須正確處理鋪貨、廣告和終端促銷三者之間的關係，廣告與鋪貨不能脫鉤，終端促銷與鋪貨不能脫鉤。實踐證明，廣告、鋪貨交替進行，促銷跟進啟動終端，從而形成良性循環，是一種成功的鋪貨策略。

二、捆綁銷售

廠家也可以採用搭便車策略，透過暢銷產品帶動新產品鋪貨。為了降低新產品的鋪貨阻力，把新產品和暢銷產品捆綁在一起銷售，利用原有暢銷產品的管道來「帶貨銷售」，提高現有新產品的鋪貨率，或者是弱勢產品跟進強勢產品，借力鋪貨。

作為一種「搭便車」的策略，用「帶貨銷售」鋪貨的實質就是利用經銷商的「管道推力」，最大限度地減少新產品進入市場的鋪貨阻力，使新產品快速抵達管道終端，從而儘快與消費者見面。對沒有強大實力的弱勢產品而言，搭強勢品牌的「廣告便車」是一條切實可行的策略。我們來看看伊川杜康酒搭便車的例子。

杜康酒為了讓伊川杜康酒迅速到達終端，縮短鋪貨時間，在某市請經銷當地成熟品牌——漓泉啤酒的經銷商作代理。採取了與漓泉啤酒捆綁銷售的方法，以降低鋪貨的難度，增加終端主動銷售的效果。具體操作方式是：凡在鋪貨期間購買一件 28 度或 35 度伊川杜康酒的，均配一件漓泉啤酒。

眾多終端零售店老闆基於與經銷商的多年合作和漓泉啤酒的暢銷，均表示願意接受這樣的銷售方式。伊川杜康酒的鋪貨因而十分成功，終端到達率超過 90%，該市的酒樓、飯店、大排檔、零售店等消費終端在短時期內都擺上了伊川杜康酒。

三、選定鋪貨人員並明確其職責

一個合格的鋪貨人員要求有良好的心理素質，還要有豐富的市場開拓經驗，良好的儀表形象和公關能力，得體大方的言談舉止，強烈的敬業精神，認真踏實的工作態度。

分析能力、應變能力、交際能力、談判能力、溝通能力等，也是選擇鋪貨人員時必須考慮的。鋪貨人員還要明確自身的職責，如記錄商品銷售情況，瞭解競爭品信息，佈置現場廣告等。

一般來說，鋪貨機構主要是由經銷商的經理、業務經理、片區主管、業務員、庫管、財務人員、司機、企業駐本地的銷售主管和相關的協銷人員組成。其主要職責如下：

⑴經理。主要負責機構設立、鋪貨方案的制定和決策，召集重要會議，處理鋪貨中的一些特殊問題等。

⑵業務經理。參與機構設立、方案制定，召集鋪貨例會，處理鋪貨過程中的一些日常問題。

⑶片區主管、業務員。主要職能是鋪貨、記錄、宣傳、裝卸貨、收款等。

⑷庫管。及時統計庫存、供貨、提醒補充庫存等。

⑸財務人員。及時開出發票，做出鋪貨的已收賬款、應收賬款日

報表、週報表和月報表及財務分析表等。

⑹司機。隨叫隨到，保證不延遲送貨。

⑺廠家駐本地市場代表。參與機構設立、方案制定和決策，發起和召集重要會議，與有關人員一起共同處理鋪貨中的一些特殊問題。與經銷商的業務經理召集鋪貨例會，處理鋪貨中的一些日常問題，決定企業有關終端支援品的合理調度。

⑻廠家、商家協銷員。與經銷商的片區主管、業務員一起共同參與鋪貨、記錄、宣傳、裝卸貨物等，參加鋪貨例會。切記不要參與錢賬的管理，只做必要的記錄和分析。

開展鋪貨工作要非常成功、順利、減少摩擦，必須實施培訓，對培訓的內容及要求詳細規定，以使培訓取得效果。

（一）產品知識培訓

只有深入瞭解產品的相關知識，才能說服終端接受我們的產品。所以，企業對鋪貨人員一定要進行專業培訓，內容包括商品的相關知識，如產品的特徵、功能、成分、區別於競爭品的特點等，只有瞭解了產品的基本知識，才能抓住客戶需求，將貨物順利地鋪到位。

（二）推銷技巧培訓

在實際操作過程中，鋪貨人員經常會遇到各種不可預見的情況，因此，應對的技巧及說服客戶鋪貨的訣竅也是培訓的內容。鋪貨中推銷技巧的使用不僅可以幫助鋪貨人員將貨物順利地鋪到市場上，還可以巧妙地化解各種矛盾，處理客戶的不滿。鋪貨人員要注意察言觀色，找到真正的決策者，明確其內在需求，並運用良好的談判溝通能力說服終端，將產品很快地鋪向市場。

（三）信息回饋培訓

鋪貨的過程也就是信息回饋的過程。鋪貨人員直接與經銷商和終端打交道，瞭解大量的終端信息，包括產品鋪貨情況、銷售狀況、市場回饋等，這些都要及時反映給企業，以便企業進行行銷戰略、獎勵政策等的調整。

讓我們來看看高露潔公司對鋪貨人員的培訓。

高露潔要求每個分銷代表必須接受公司的全套專業培訓，瞭解高露潔公司的狀況以及產品信息，增強自信。在培訓中，每個分銷代表都要學習必要的推銷技巧，提高與消費者有效溝通的能力。培訓過程分為 8 個步驟：

⑴進店打招呼。

⑵介紹自己。

⑶介紹公司產品。

⑷引導購買激發興趣。

⑸張貼海報。

⑹搜集資料（包括聯繫方式、姓名）。

⑺店主願意購買後幫助陳列。

在培訓過程中，高露潔公司特別注意抓好兩個環節：一是觀看高露潔公司拍攝的優秀鋪貨員的標準工作流程，任何細節都在錄影中展現出來。二是模仿銷售，使受訓者先身臨其境一番，再針對難點進行培訓。

（四）建立鋪貨管理制度

在著手鋪貨之前，應該有一個比較具體的鋪貨目標，達到一定的市場覆蓋率，在這方面，可以學習一下高露潔的經驗。

高露潔的銷售代表遵循「銷售不成，也要將市場信息拿回來」的原則。銷售代表努力鋪貨，達成交易，即使難度較大，也應保證覆蓋率。在店中，代表們彬彬有禮地與零售商交流，展示高露潔的品牌形象，代表們還主動幫助店主整理貨架和產品，按照零售商的要求貼好 POP 海報，滿足其要求。

四、高露潔的轄區鋪貨案例

當無數產品栽倒在「廣告牽引、終端無貨」的窘境時，為了新產品牙膏的上市，高露潔公司開始全力打造終端零售商市場。

高露潔的銷售隊伍已經打開了各大中小城市的大型零售商、百貨、超市的門，但多年以來，所有快速消費品在中國的運作都遵循一個原則：讓自己的產品無處不見，伸手可得。這是打造並維護品牌的必經之路。

「市場精耕」的任務就是在全國重點消費區的中小城市裏，讓所有的小零售店和便利店出現高露潔草本牙膏，並且還要擺在顯眼的位置上。

一般沒有多少批發商願意做這件事情，這會牽扯他們大量的精力。畢竟他們不可能只代理高露潔一家品牌。當然，高露潔也不願意將如此重大的任務交給經銷商，沒有人能相信經銷商會幫你跑遍整個城市的銷售網站，也不能相信經銷商能將店內陳列做得多麼細緻。

從 7 月 18 日到 8 月 18 日，高露潔組織的名為「紅色旋風」的鋪貨行動在 279 個城市同時進行。這個活動像旋風一樣席捲全國，之所以稱為「紅色旋風」，則是因為高露潔為每位分銷代表準備了紅色 T 恤和紅色帽子。

（一）鋪貨前的準備

高露潔公司早就在為這次鋪貨做準備，它們進行了大量的前期工作。

⑴全面瞭解各個城市的零售商數目和大致情況

高露潔從各級經銷商那裏收集這方面的資料。儘管換取這些資訊是要付出代價的，但維護著良好客情關係的高露潔業務員，卻可以憑藉極小的代價得到它們。

然後，高露潔公司根據零售商數量，制定了每 750 家小店安排 1 個分銷代表的計劃。它是高露潔根據以往市場經驗，充分考慮分銷代表的勞動強度，並結合城市零售點分佈的平均水準得出的。

⑵獲得每一個區域(城市)的經銷商的支援

他們是這次活動物流和資訊流的支點，分銷代表每天都必須與他們打交道。經銷商的聯繫人和聯繫方式，將作為資料資訊傳達給每個分銷代表，以便於他們之間取得聯繫。在此活動中，高露潔公司對表現優良的經銷商將會給予額外的實物獎勵。

⑶確定產品組合

本次活動的產品組合包括：105 克草本牙膏 1 只，50 克草本牙膏 2 只，雙效波浪型牙刷 2 只，贈品是 50 克超強型牙膏。為什麼高露潔公司是鋪一系列的產品，而不只鋪和活動對應的產品呢？原來這是高露潔的一個小策略，這種做法會給零售店一種感覺：高露潔產品豐富，經營該品牌盈利點很多。如果只鋪一種產品，不但佔位少，而且沒法突出從而讓消費者產生實際購買行為。

事實上，為了更多吸引普通顧客的視線，本次鋪貨的贈品不僅有 50 克超強型牙膏，還包含 POP 廣告招貼和一個小巧的壁掛展示架。同時，這次活動中草本牙膏促銷價格的制定是非常關鍵的：折讓既不能太多，使公司受損並會使經銷商日後的工作受妨礙；又不能太少，使零售商沒有積極性。因此它比批發價稍低，再加上贈品，事實上零售商能得到 64%的毛利。這讓零售商在活動中得到實惠，真正有可能成為高露潔產品的忠誠客戶。這個價格有「拋磚引玉」的作用，是為長期促銷做準備的。

⑷選拔鋪貨人員

但我們知道，高露潔牙膏畢竟是新品，如何能讓零售店主接受，尤其是購進一個對他們來說很新鮮的東西，就非得有一批具有極強說服能力的鋪貨人員不可。

公司從 5 月份就開始了宣傳選擇活動，步驟如下：

圖 7-1　宣傳活動人員選拔流程

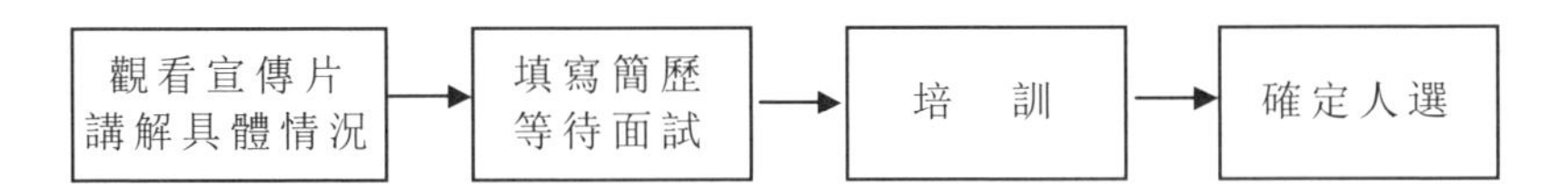

這次活動高露潔把招聘目光確定在了各大高校的大學生身上。目的一是利用高露潔世界知名企業的牌子，激發大學生的主動性和創造性；二是層層選擇的大學生來自不同城市，將他們派回自己家鄉，會有許多優勢。

（二）鋪貨執行階段

⑴活動之前

①每個分銷代表必須接受公司的全套專業培訓，瞭解高露潔公司狀況以及產品資訊。目的是讓每位分銷代表充分瞭解和明確活動的目的和任務，從公司狀況中增強自信。

在培訓中學習必要的推銷技巧和與消費者有效溝通能力。

對於大多數學生來說，最難的就是介紹自己、介紹公司產品。儘管高露潔分銷代表的身份明顯增強了學生的信心，但畢竟是商界的新手，讓他們去說服零售商，而且達成銷售，是比較困難的。因此在培訓過程中，高露潔公司特別注意抓好兩個環節：一是觀看高露潔公司拍攝的優秀鋪貨員的標準工作流程，任何細節都在錄影機裏展現出來，包括在店門口怎樣調整情緒；二是類比銷售，使大學生們先身臨其境一番，再針對難點進行培訓。

②分銷代表必須提前 2～3 天，回到家鄉所在的城市，安排好家中事務，處理閒雜事，同時與地區經銷商進行聯繫。然後利用一切時間瞭解任務範圍內各個小店的佈局情況，制定出每天的工作日程表以及鋪貨路線，以便順利開展工作。即便如此，作為第一次參加鋪貨的大學生，要合理地安排日程和路線是非常不容易的。在此期間，廠商應該和經銷商做好溝通，請經銷商協助。

⑵活動期間

①在活動期間，分銷代表的日程安排是：早上按時到經銷商處報到，排隊提貨，整理貨物，放上自行車，然後開始拜訪。當天結束後，將餘貨送回經銷商處，回家寫日誌。日日如此，持續 30 天。同時，分銷代表要按時按量地完成公司下達的任務——每天必須拜訪 30 家

小店(不論成功與否，若失敗允許再次拜訪)。

但實際鋪貨中，大部份的分銷代表都在活動開始的前幾天遇到困難。例如：他們設計路線時只按照地理條件，對商業聚集地並沒有什麼概念，結果發現本來定好今天上午拜訪 20 家店，但一到地方才發現，那一整條街上連 10 家店都不到，導致該日計劃被打亂。不過在經銷商的配合下，多數分銷代表都解決了這個問題。同時，有些經銷商在空閒時還會傳授一些銷售技巧給年輕的學生。

值得留意的是，在本次活動中，經銷商和分銷代表配合默契，同時本土化的分銷代表優勢逐漸顯現。如分銷代表遇到的零售商家裏的孩子正好是中小學校友，那麼分銷代表們的溝通突破口就會成倍增長。

②每個小店只能銷售 1 套產品。目的是減少經銷商和零售商的負擔，同時捨棄對分銷代表的銷量要求。假如分銷代表們沒有銷量壓力，他們才會將心思放在「為品牌而鋪貨」上，而非為銷售而鋪貨——那樣很可能導致他們將貨物賣給大賣場或賣給少數店主，因此失去目的。

因為對於高露潔來說，本次活動只是用少量的產品去開拓市場，讓零售商瞭解高露潔公司產品的優質性，起到投石問路的效果。

③數量化目標。本次活動賣進店成功率應達到 70%以上，賣進目標店的覆蓋率應達 95%以上。

高露潔遵循「銷售不成，也要將市場訊息拿回來」的原則。銷售代表努力鋪貨，達成交易，萬一難度較大時，也應保證覆蓋率的數量。在店中，代表們彬彬有禮地與零售商交流，展示高露潔的品牌形象，代表們還主動幫助店主整理貨架和產品，按照零售商的要求貼好 POP

海報，滿足其要求。

④認真填寫日報表以及週報表。

日報表包括的內容有：客戶名稱，地址，聯繫人電話，訂貨情況，記錄好成交的情況和拒絕成交的原因。

其中拒絕成交的原因一定要填寫清楚，已列出的選擇項有：A 負責人不在；B 毛利太小；C 價格太高；D 銷售技巧不足；E 其他原因。

週報表包括有：每天拜訪的客戶數量、成交數量、銷售額以及 1 週的總銷售額。

分銷代表必須要在當天工作結束後認真填寫日報表。不管如何辛苦，一定要堅持，防止失去一些有價值的資訊。同時，分銷代表還應在每個星期的週末到當地郵局用快件的形式把兩種報表寄到廣州總公司，費用由代表墊上，以後在工作中一起返還。

⑶活動結束後

在最終結算之前，每位分銷代表都要就本次活動的鋪貨情況及心得體會寫一份題為「紅色旋風」的書面報告，連同銷售報表寄往高露潔總部。報告的內容和題材高露潔並不做任何限制，但最好能給本次活動提些建議。對建議有價值的代表，廠商將會直接獎勵高露潔公司的產品。對於銷售業績達到全國前 10 名者，將有機會免費乘坐飛機前往廣州高露潔公司參觀，接受高露潔公司高層管理者的表彰。

（三）鋪貨尾聲階段

在「紅色旋風」活動進行的 1 個月內，各個分銷城市的電視臺，包括電視臺等媒體將在黃金時間推出廣告宣傳本次活動，同時推出本次活動的主要宣傳產品高露潔草本牙膏的廣告，伴隨著活動進行，各個小店內都有本次活動的海報，到處都是高露潔的海洋，本次活動使「紅色旋風」吹遍了城市的每一個角落。

心得欄

第 8 章

營造終端零售店的銷售氣氛

一、營造終端銷售氣氛的原則

先透過營造一個銷售氣氛來吸引消費者他們。對於企業來講，在終端根據自己產品的特點創造一個有效的銷售氣氛。

1. 突出產品特點

銷售終端現場始終是賣出產品，不可能完全是品牌形象，它需要的是企業在終端製造出產品品牌形象的同時，儘量創造一個有效的終端產品展示平台，並使這個平台符合產品的屬性，是化妝品的，或是電器的，或是房地產的。終端的售賣系統，跟你的產品要有密切的關聯，也就是說要最大限度地展示出產品的特點。展示平台上的終端產品又可分為形象產品、估量產品和策略產品。

形象產品是指你在上線傳播主打的產品，就是透過這個產品能提升你品牌形象的，即是在終端展示當中要配合你在電視和報紙上品牌的宣傳配合。另外一個就是估量產品，也稱利潤產品，是指企業銷量最好的一種產品。策略性產品是指低價位產品，像海爾的特價機。或者是模仿對手的產品，如樂華有一個產品，模仿對手產品，但價格比對手的低。特價機型不是專櫃產品長期陳列的，它主要用於促銷週期，或在旺季來臨時。

2.引導購買

現場的促銷氣氛有助於導購小姐有效地引導消費者，引其順其自然地購買。目前企業越來越注重導購人員的培訓，幾乎每個導購人員都有一本導購手冊，裏面包括各種各樣產品的知識，並且有越來越厚的趨勢，通常導購人員要參加考試才能上崗，如果現場銷售氣氛能夠提供正確信息的指引，他們的導購效果和效率就會大大加強。所以說現場銷售氣氛的營造可以讓現場的導購人員更有條理地與消費者進行溝通，進行有效的終端攔截。

二、終端銷售商的產品展示

產品本身就承擔著與消費者進行交流的任務，營造好的銷售氣氛就是為在終端攔截消費者並使其購買產品，產品的展示策略對於最大限度地吸引消費者購買是非常重要的。許多企業對於終端產品陳列的要求非常細緻，像摩托羅拉和柯達均是這樣。終端的競爭就是「眼球」的競爭，需要跟消費者進行信息溝通。

1.產品的組合

經過長期的實踐，許多企業都會有類似的經驗：例如快速消費品，有一些這樣的原則，視平線的位置是最佳也是最貴的展示位，適合擺放主要產品；低下的位置，價格上比較划算，卻只適合擺放一些普通的雜牌產品，所以要想在終端獲得更好的佔位，要付出更大的代價。

再以電器為例，一般每個電器品牌都有許多系列產品，然而終端的位置卻是有限的，你怎樣在有限的空間裏把各系列產品有機地組合起來？早些年，做了店中店，然後把所有產品陳列出來，而現在終端賣場的地方有限，大件商品排列的原則就要配合區域化的產品結構作為產品展示組合策略。

所謂區域化的產品結構是指根據當地的產品銷售情況而定的一種產品層次組合，例如當地的終端產品中，有主銷機型，有企業用於品牌宣傳的形象產品，形象產品一般是指定的，主推機型應該是按著不同的分公司的具體要求來設定的，這兩種產品之間的主次關係就形成一種產品結構。跟著的問題是：在當地終端產品展示中，如何處理好這兩者的關係？

在展示競爭性的產品中，形象產品和主推機型，即利潤機型或者說佔量機型首先要有一個很好的展示組合，這是當地市場根據消費者的導向而做出的終端安排。另外也要考慮銷售績效的要求，例如當地二五機賣得好，但企業的二零機庫存太多，這時也要處理掉。產品展示組合的變通因素很多，但應遵循銷售的一些內部要求並結合當地的市場狀況。要有一個很好的組合，不要面面俱到都擺上去。

2.產品的陳列

陳列的方式要非常適合展示產品的特徵，即專櫃設計要能突出產品的特點，例如冷氣機都要上架的，冰箱都要落地的，洗衣機也要落地的，如果要孤島式的處理，也要有一個很好的搭配。展示的道具不能喧賓奪主，所以，展櫃設計不能太花哨，否則消費者來到之後會研究燈箱好不好看，是用什麼材料做的，這樣就會減弱對產品的關注，另外，成本也是非常重要的一個因素。

目前普遍採用模塊化的做法，以前是分公司根據自己的情況提出設計要求，這種做法成本高。現在通常採用統一設計、統一採購、統一安裝的做法，可以很便通地在現場靈活安裝，使終端建設的成本大大降低，而對於一些有特殊要求的終端才採用當地操作。

技術的進步可以使終端賣場的形態發生翻天覆地的變化。例如燈箱可以做成弧形的、圓形的，以前是不可能的，以前做幾十個要花很多錢，現在做 1000 個的話可以去開模。談到專櫃的統一製作時，還可以保證使用很好的技術去執行，如用金屬烤漆的等等。

三、在終端銷售商的產品演示方法

產品功能演示是為了讓消費者更直觀地瞭解到產品的功能好在那裏，功能演示的方法，可透過講解機械結構，利用光影的效果等，使消費者非常直觀地瞭解到產品的特點，抓住消費者的注意力，並促進銷售量的提升。

1. 誇張式演示

誇張式的手法直接而深刻地與消費者進行交流，以喚起消費者的潛在意識，重新記起商品，促成購買行為。

誇張式演示起著非常有效的作用，透過富有創意的產品演示，充分利用有限的空間，利用種種道具和方法，把產品的主要功能展示出來，再配上導購人員的產品解說，有效地促進銷售。

冷凍櫃廠商經過-18℃低溫以後魚還活著，用一個機械道具，每隔 10 幾秒鐘就說「我還活著」，透過魚聲效「我還活著」這種誇張式的手法直接而深刻地與消費者進行交流，以喚起消費者的潛在意識，重新記起商品，促成購買行為。

VCD 產品終端推廣也很有特色。除了對終端展示及宣傳品精心設計外，他們還「研製」出一種秘密武器——演示碟。產品的科技含量越來越高，其蘊涵的信息量絕不是每一個消費者都可以理解的，生動而詳細地介紹成為推薦產品的必然手段，而演示碟則是進行這種推薦的最佳工具。先後為其電腦麗聲超級 VCD、麗聲複唱超級 VCD 製作了 5 分鐘演示碟，詳盡、細緻地介紹了產品技術上的創新、功能優勢、演示效果。生動活潑的畫面，條理清晰的解說，聲、色、光俱備的演示，使得產品在終端推廣中均取得了極佳的效果。

純平彩電，把電視機倒過來，螢幕朝上放，在純平面上放了六個乒乓球，不滾動。還有吸塵器強調吸力強大無比，現場放了一個保齡球，用吸塵器可以把保齡球吸起來，這是一個非常直觀且令人印象深刻的終端演示，實際上任何一種吸塵器都能做到把球吸起來，只不過先想到並做到了。

2. 對比式演示

例如，在終端展示一般冰箱和容聲保鮮冰箱的區別。採用菠菜做演示，普通的菠菜放在傳統的冰箱裏面 10 天，色彩就發生了變化，20 天就壞掉了，而加入保鮮膜的，28 天以後還是新鮮翠綠的，所以這種功能如果只透過文字描述，不如透過現場演示更直觀。另外透過文字把結果告訴消費者，這樣的實物演示結果讓消費者感到更直觀。這是對比的方式。

3.直接演示

例如，負離子的特性是具有除異味的作用，海爾負離子冷氣機做的終端演示，在現場用了一個密封的盒子，裏面放上了一隻點著的香煙，等煙霧彌漫的時候將負離子發生器一按，馬上回覆到清澈乾淨的狀態。為了有更好的演示效果，海爾特意做了一個玻璃小屋，很漂亮。上面還有一個標題：「海爾負離子冷氣機在瞬間之內為你創造奇蹟。」這是直接演示方式。

四、充分利用 POP 廣告

POP 廣告的概念有廣義的和狹義的兩種：廣義的 POP 廣告的概念，指凡是在商業空間、購買場所、零售終端的週圍、內部以及在商品陳列的地方所設置的廣告物，都屬於 POP 廣告。如商品的牌匾、店面的裝潢和櫥窗，店外懸掛的充氣廣告、條幅、横幅，商店內的裝飾、陳設、招貼廣告、服務指示，店內發放的廣告刊物、進行的廣告表演，以及廣播、錄影、電子看板廣告等。狹義的 POP 廣告概念，僅指在購買場所和零售終端內部設置的展銷專櫃，以及在商品週圍懸掛、擺放與陳設的可以促進商暑銷售的廣告媒體。

⑴新產品告知功能。幾乎大部份的 POP 廣告，都屬於新產品告知廣告。當新產品出售之時，配合其他大眾宣傳媒體，在銷售終端使用 POP 廣告進行促銷活動，可以吸引消費者視線，刺激其購買慾望。

POP 設計有一個原則——圍繞產品，其作用之一是在導購人員不在場的情況下，消費者可以透過這些 POP 知道產品的賣點是什麼，具體的功能是什麼，如果導購人員在的時候也可以起到提示的作用。

⑵喚起消費者潛在購買意識的功能。儘管各廠商已經利用各種大眾傳播媒體，對於本企業或本產品進行了廣泛的宣傳，但是有時當消費者步入商店時，已經將大眾傳播媒體的廣告內容遺忘，此刻利用POP廣告在現場展示，重新提醒消費者的品牌意識。

⑶協助導購的功能。POP 廣告有「無聲的售貨員」和「最忠實的推銷員」的美名。POP 廣告經常被用於超市，超市用的是自選購買方式，當消費者面對諸多商品而無從下手時，擺放在商品週圍的一則傑出的 POP 廣告會忠實地、不斷地向消費者提供商品信息，從而起到吸引消費者促成其購買的作用。

⑷終端銷售氣氛的營造。利用 POP 廣告強烈的色彩、美麗的圖案、突出的造型、幽默的動作、準確而生動的廣告語言，可以營造出強烈的終端銷售氣氛，吸引消費者的視線，促成其購買。

⑸提升企業形象的功能。POP 廣告同其他廣告一樣，在銷售環境中可以樹立和提升企業形象，進而保持與消費者的良好關係的作用。

POP 設計有一個原則——圍繞產品，其作用之一是在導購人員不在場的情況下，消費者可以透過這些 POP 知道產品的賣點是什麼，具體的功能是什麼，如果導購人員在的時候也可以起到提示的作用。

現場 POP 要具有互動性和參與性。如何製造氣氛，參與性很重要，你關著門就什麼都不知道，很多消費者喜歡打開門看看裏面有什麼，好奇，這時你可以把機關藏在裏面，他會覺得很好玩，會多試幾次，這樣對產品將產生好感。例如，科龍三洋冷櫃的廣告設計，它的玻璃門可以開到 120 度，一般傳統的只能開到 90 度的，科龍在直接打開門的地方做了一個 POP，強調 120 度，當玻璃門一拉開就看到 120 度的信息，消費者會馬上記住這一信息。

第 9 章

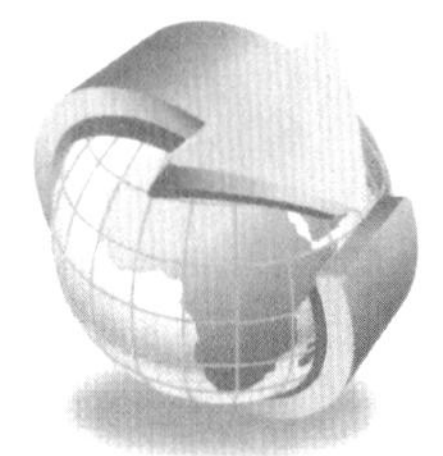

要適時監控鋪貨過程

監控鋪貨的全過程可以提高鋪貨的實際效益，達到提高銷售額的目的。

有些企業十分強調產品的鋪貨率和面市率，認為追求 100%的鋪貨率是終端成功的保證；有些企業則只抓重點終端，反對高鋪貨率，認為這樣做，運作成本太高。

其實，這兩種觀點都有其局限性，鋪貨率和面市率不應成為企業關注的重點，鋪貨的實際效益才是真正應當關注的。

一、提高鋪貨的效益

許多企業只一味強調「前期鋪貨」，而不重視鋪貨的「後期管理」，以為把產品鋪出去就萬事大吉了。

實際上，鋪貨之後並不等於產品就賣出去了，只有能將產品及時賣給消費者並形成良性循環的售點才是有效的鋪貨網點。

所以，企業不但要重視前期鋪貨，更要重視鋪貨的後期管理。

處理前期鋪貨和後期管理的關係時，我們要明確兩個概念：

是鋪貨率不等於上櫃率。產品雖然送到了終端，有時卻在貨架上找不到產品，零售商將產品存放在倉庫裏，或是放在貨架下面顧客看不見的地方，實際上這只是實現了倉庫轉移，並沒有達到應有的效果。因此，在強調鋪貨數量的同時，還要抓好鋪貨的跟蹤服務，狠抓產品上櫃率，並且要儘量搶佔貨架的最佳陳列位置。

日常理貨同鋪貨一樣重要，也需常抓不懈。由於零售店內每類產品都有多個企業的產品，零售商很難關照到每一個產品，因而需要我們主動出擊。業務員在定點定時的日常鋪貨和拜訪過程中，應加強理貨工作。

一些著名的外資企業都有專業理貨員，每天奔波於各售點幫助店員理貨，可見理貨對於銷售的重要性。

而有些業務員的通病就是將產品放在店裏，然後打了欠條就走。這樣，如果店主將產品放在倉庫或店面角落裏，消費者就根本看不到產品，也就無法實現銷售。

在具體操作中，業務員應時刻注意保持產品清潔無缺陷，讓產品始終以誘人的魅力展現在消費者面前；產品儘量與同類暢銷產品集中擺放，且使產品處於最佳視覺位置，或者使用廠商統一的陳列架陳列；尤其對於商場、超市，應當實行系列產品集中堆放，擴大佔地面積，增強視覺衝擊力；品種較多時可設立專櫃銷售。

儘管鋪貨率非常重要，但也要注意處理好網點數量與網點品質的關係。如果盲目地追求鋪貨率，就會加大銷售成本，既造成資源浪費，又影響了對 A、B 類重點終端的集中投資力度。

出貨率同鋪貨率一樣重要。有的企業雖然鋪貨率很高，但鋪貨網點的銷售業績卻並不理想，鋪貨網點的出貨率並不高。企業除應把鋪貨率作為重要考核指標外，各網點的出貨率也應是一個重要的考核指標，網點出貨率同鋪貨率一樣重要。

一些企業為了提高出貨率，在鋪貨時採取「抓大放小」的策略，即抓住銷量大的網點，把主要資源投放其中，而把小的網點放在次要位置，這樣既提高了鋪貨率，也提高了出貨率，兩者可同步增長。

在鋪貨網點的開發上，要正確處理好網點數量與網點品質的關係。不但要重視網點的數量，還要重視網點的品質，要樹立「網點品質比數量更重要」的觀念。

鋪貨率雖然是網路開發中的重要指標，但不是唯一指標。鋪貨率太低不利於銷售，但也不是越多越好。有的企業雖然鋪貨率很高，但網點的銷售業績及廠商合作關係卻不理想，因此造成了資源浪費。西門子在網點建設方面就有一個良好的戰略規劃，尤其重視網點建設的品質。西門子在一個地區重點扶持一個點，而不是遍地開花，等時機成熟後再增加新的銷售網站。他們所選的點基本是做一個活一個，走的是「以點帶線，以線帶面」的路線。西門子的鋪貨率並不算高，但卻取得了極大的成功，這與其注重網點建設的品質是分不開的。

因此，企業一定要注重網點建設的品質，不能只片面要求終端鋪貨網點的數量，而應更加重視鋪貨網點的運行品質和效率。所選的鋪貨網點要做一個活一個，如此才能培育市場，保持市場銷貨的可持續發展。

還有一種情況就是「鋪貨量」與「實銷量」的關係。產品離開企業到售出之前屬於「鋪貨」，售出之後叫「實銷」。鋪貨量與實銷量之間雖然有明顯的對應關係，但兩者並不總是同步。一般情況下，在一定的時段內，總是鋪貨在前，實銷在後。

鋪貨量是否越大越好？如何把握？這取決於鋪貨量的邊際效應。在產品投放市場的起始階段，加大鋪貨量可以推動實銷量增長，鋪貨量的增長部份與實銷量的增長部份是同步的，此時，鋪貨量的邊際效應遞增；市場逐漸飽和時，鋪貨量增長的那一部份對實銷量的影響越來越小，此時，鋪貨量的邊際效應遞減。

鋪貨量邊際效應的變化表明，加大鋪貨量並不一定能增大實銷量。因此，企業必須根據鋪貨量邊際效應的變化科學安排鋪貨的數量。因鋪貨滯後、量少而影響實銷固然令人遺憾，但問題不難解決，重要的是要克服鋪貨量的負效應。實際上，在特定的時段內暫停或減少鋪貨量，實銷量並不因此而減少，因為客戶還有足夠的庫存。

二、鋪貨與實銷之差異性

在銷售活動中，商品是要投放到市場、擺上貨架，供消費者選購的。商品離開廠家賣出去之前叫鋪貨，賣出去之後叫實銷。鋪貨量與實銷量之間，並非總是同步的，但又具有明顯的對應關係。

一般情況下，在一定的時段內，總是鋪貨在前，實銷在後。鋪貨量是否越大越好？如何把握？這取決於鋪貨量的邊際效應。

從下圖可以看出，在商品投放市場的起始階段，加大鋪貨量，可以推動實銷量的增長。

圖 9-1　食品廠商的鋪貨與實際銷售狀況

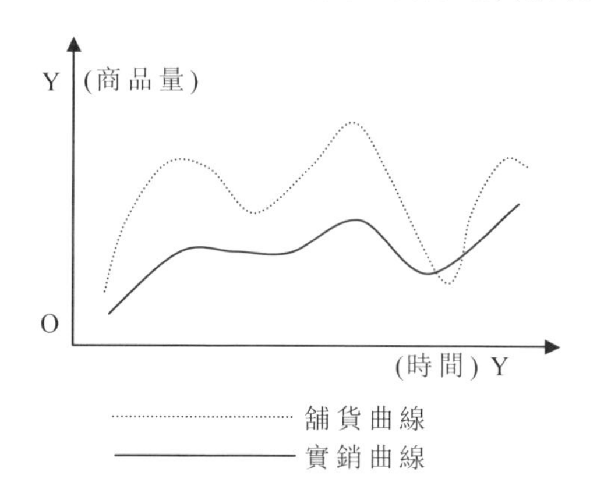

鋪貨量的增長部份與實銷量的增長部份是同步的，也就是說，鋪貨量的邊際效應遞減。當超過市場的容量時，銷貨量加大，不僅於事無補，反而會給廠家帶來更大的損失。鋪貨量的邊際效應出現負值，即負效應。因為商品過多的滯留在流通環節，因保管不善造成商品變質、損壞的可能性增多。經銷商因該商品佔有庫房過多過長，對該商品漸漸失去好感。在貨架上的商品長時間擱置，給消費者造成無人問津的現象，反而會抑制購買慾望。因此必須根據鋪貨量邊際效應的變化，科學安排鋪貨的數量。

因鋪貨滯後、量少而影響實銷，固然令人遺憾，但問題不難解決，重要的是克服鋪貨量的負效應。鋪貨量邊際效應的變化告訴我們，並不是每一次加大鋪貨量都能導致實銷量增大。從上圖也可以看出，在特定的時段內暫停或減少鋪貨，實銷量並不因此而減少(零售商有庫存)。根據消費者心理，在商品得到市場一定的認可之後，甚至可以有意識的使商品「斷檔」，使消費者產生該商品不錯、緊俏的印象，然後再大批量上市，又會給消費者造成煥然一新的感覺，使鋪貨量的增長產生出最大的邊際效應。

從實銷曲線出來看，商品的實銷量沿著一定的水平線上下波動，彈性並不大。這條看不見的水平線是相對穩定的。(如圖 9-2 所示)

圖 9-2　實銷曲線

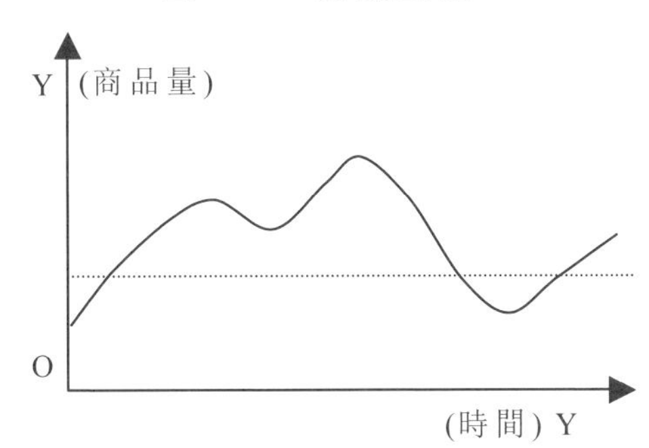

一方面，這條看不見的水準線受市場客觀條件的制約，不像鋪貨量那樣可以隨意調整，它是商品在市場上實際佔有率的反映，是同類產品、替代產品的生產廠家各種力量對比和制約條件作用的結果。力量對比因素有：廠家的銷售能力、質量水準、廣告的投入力度等。制約條件包括商品對當地消費者的適應程度等等。比如當地兒童喜歡甜的口味，酸、辣小食品的銷售就可能阻力較大。反過來說，從銷售水平線也可以看出自己生產條件和銷售能力處於什麼樣的狀態。

另一方面，對實銷量也有一個主觀上及時統計和正確分析的問題。人們對實銷量的認識往往有一個過程，銷售人員應當努力縮短這個過程，見微知著。縱觀條件變化，導致實銷量或起或落，如果認識過程太長，各種統計數字遲緩，得到的資訊則可能是扭曲的，即無法採取正確的對策，也無法避免已經或將要發生的損失。例如，人們在盛夏酷暑，喜歡吃新鮮瓜果，瓜果的供應正好數量充足、價廉、品種多，乾、酥、脆的小食品實銷量就會下降，而你遲到的統計數字則反映出實銷上升的趨勢，加大鋪貨量，如果等到季節過後才發現這個問題，大量鋪出去的乾酥食品因天熱變質就難以避免。又如，競爭對手通過降價、有獎銷售、改變口味、增加品種等措施，擴大了銷路，而自己反應遲鈍，根據競爭對手已見效的策略採取補救措施，而競爭對手恰恰又要根據同行跟進的局面出臺新技術措施，提前進入下一輪競爭，那麼自己就會總是處於被動的地位。

鋪貨量除了受制於實銷量之外，還要受生產量的推壓。有些廠家產品一旦在廠內積壓，就要求銷售人員儘快把貨鋪出去。殊不知產品在流通環節並不等於全部賣了出去。因此，鋪貨量在生產與實銷之間，應服從於實銷量，側重於與實銷量和諧共振，注意以下幾點：

⑴鋪貨量的提前量要適度。從經驗看，鋪貨量不宜超過實銷量的20%，鋪貨量的加大時機比實銷量增長提前半個月左右為宜。太少太晚，經銷斷檔的時間過長；太多太早，鋪貨量的邊際效應減弱。

⑵鋪貨量呈現波浪式遞進。要頂住生產量加大的超負荷壓力，避免強制鋪貨。在零售貨架不斷檔的前提下，可使批發商的庫存數量形成一個低谷，採取「饑餓療法」。當然，要準確掌握實銷量的波峰週期，消費高峰前及時鋪貨。充分認識產品的生命週期。一個產品歷經開發、生長、成熟、衰落幾個階段所形成的週期內，一般有若干個實銷量波動週期，不要把兩種週期混為一談。批量生產初期，新產品以嶄新的面貌出現，經銷商不拒絕嘗試，消費者感到新鮮，鋪貨量的邊際效應較高，但是不能過於樂觀。當實銷量長時間疲軟，如果不屬於產品質量與銷售策略的問題，就標誌著產品進入衰落期，要加快產品

的更新換代。

⑶以實銷量的變化指導生產。以鋪貨量與實銷波動的一個週期之比，確定生產的進度，安排計劃，指導生產的均衡發展。因生產質量問題影響實銷量時，應毫不猶豫的通知生產、質檢部門及時改進。

⑷以實銷量的變化調整銷售策略。產品質量有保證，鋪貨及時適度，而實銷量仍然上不去時，要麼是競爭對手採取了新的促銷方法，要麼是市場出現了變化，這都要求銷售人員及時分析和調整銷售策略，不可一條路走到底。

實現了鋪貨量與實銷量的和諧共振，就會使銷售水準逐漸上升，步入良性循環。

三、回訪鋪貨對象

賒銷鋪貨是一個需要經常性管理與服務的工作。現實中常有這種情況：有的貨「鋪上了」，但是 POP 正面是競爭者的產品，第一視覺位置上無「貨」；有的是鋪在了終端商的倉庫裏，沒有上門面和櫃架。因此，鋪貨人員不僅要及時填寫各種表格，還要做好鋪貨對象的回訪工作，安排好電話訪問內容及以後拜訪的時間，拉近與經銷商及終端的關係，而且每次的回訪都應及時記錄，填寫市場調查跟蹤表，以便及時為鋪貨對象提供服務。鋪貨人員還要與經銷商的鋪貨人員建立良好的關係，共同把市場做好。

鋪貨工作結束後，銷售人員要經常深入終端與零售商進行廣泛的溝通，聽取他們的意見，及時解決他們在銷售中遇到的問題，在產品展示陳列、現場廣告促銷、及時補貨等方面給予有力支持，處理好廠家與零售商的利益關係。不僅如此，他們還幫助零售商做市場，如分析消費者、提供有關市場信息、制定銷售計劃和策略等，幫助其提高經營水準。同時也嚴格規範零售商的銷售行為，用制度來管理，一視同仁、獎罰分明，避免了零售終端無序經營和亂價現象的發生。

鋪貨人員的工作是否到位是鋪貨成功與否的關鍵。鋪貨人員是企業監督的重點，鋪貨的進度如何，是否按計劃實施，實施效果怎樣，企業都應密切關注。報表的填寫只是監督一個方面，除此之外，企業經常對鋪貨區域進行調查，也是監督鋪貨人員工作的一個很好的方法。

四、解決竄貨的方法

企業一旦發現竄貨，必須馬上採取措施，如果不及時解決竄貨，很有可能使管道崩潰。

奧普浴霸作為一個名牌產品，在防止竄貨方面有 9 條獨到的經驗。

⑴奧普公司建立了科學穩固的代理商制度，明確雙方的責、權、利，使廠商、代理商成為雙贏的利益共同體。同時，各地辦事處的存在也起到了監督作用。

⑵奧普嚴格遵循市場規律，做到產銷分離。出廠價只有一個，銷售公司統一制定全國零售價，並充分考慮各地區市場的發展水準、費用支出及市場容量。本地區銷售人員及機構等同於外地區銷售人員及機構並共同考核，從而保證了整個市場價格的統一，為代理制的實施和防止竄貨打下「質」的基礎。同時，給代理商以合理的利潤空間，

杜絕了竄貨現象的發生。

⑶給代理商多種形式的鼓勵政策，如到奧普澳洲總部參觀和學習，進行實物獎勵、技能培訓等。對於非市場因素的銷量提高，奧普公司密切關注，一查到底。

⑷實行產品代碼制，一旦出現竄貨現象，依靠產品代碼便可以迅速查出其出處。

⑸對代理商的業績考評採取結果和過程雙重考核辦法，強化代理商對本市場的深度開發能力。

⑹壓縮管道長度和層級，讓真正開發市場的代理商享受合理的回報。

⑺各層級的價格空間實行實價制，不採取百分比加價的方式，使得各級代理商的回報合理、實在。

⑻強化代理商的售後服務能力。在服務半徑內向消費者提供免費安裝，一方面方便消費者，同時也可以控制區域竄貨。

⑼實行免費送貨。上級代理向下線經銷商提供免費送貨，也在一定程度上抑制了竄貨行為的發生。

正是依靠這些剛性的制度保證和柔性的獎勵措施，奧普建立了一個嚴密的管道管理系統，既保障了公司的利益，同時也使市場得以健康有序地發展。因為沒有竄貨現象的發生，公司在行業中的領先地位也得到了有力保證。

五、要建立零售店訊息反饋管道

通過終端零售商資訊的反饋，企業可以更清楚地認識自我，明晰企業的實力、市場運作的好壞、管理水準的高低。終端資訊像一面鏡子，照出了臉上的污點，也顯示出了自己的優點。如何做好終端資訊的反饋呢？通過那些管道進行反饋呢？首先，我們要瞭解終端資訊反饋的管道(如圖 9-3)。

圖 9-3　資訊反饋管道

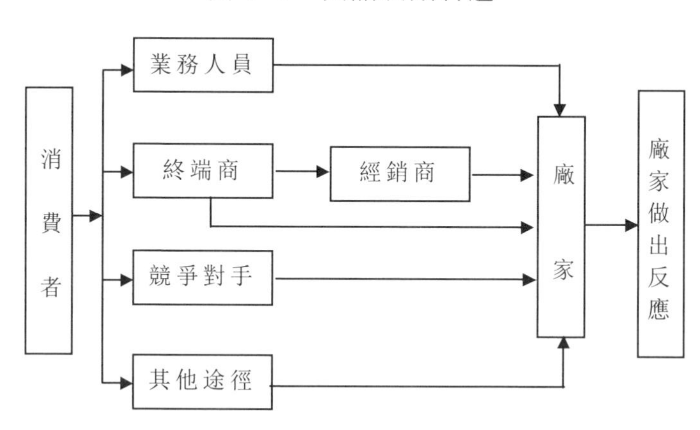

廠家通過這些管道不斷收集訊息，實現企業戰略目標，滿足消費者的需求。為了保證以上工作的順利進行，企業如何為終端資訊的反饋創造良好的條件呢？首先是「縮短訊息的途徑」，其次是妥善的管理方法，說明如下：

（一）縮短訊息的途徑

著名的洗衣機生產廠家，至今進不去A市場。原來此品牌的洗衣機在進入A市場時，有一個老工人買了一台，後來出了故障。老工人給廠家寫信反映情況，要求廠家派人維修，可信寄出去如石沉大海。他一氣之下寫信給當地的報紙，報紙披露了此事，這種牌子的洗衣機無奈地退出了A市場。可廠家經調查發現其售後服務部根本就沒收到老工人的信，原來他的信寄到銷售部門，銷售部門收到信後也沒放在心上，就此耽擱下來，而就是由於部門間的資訊缺乏透明度錯失了A市場，給企業造成了很大的損失。

在企業發展過程中，部門間的精誠合作是前提。假如一個企業的銷售部門與售後服務部門不和，產品出了問題，銷售部門推說找售後服務部門，售後服務部門說，誰銷出去的東西，找誰去。這樣互相推諉，不願承擔責任，內部不能齊心合力、團結一致，當然也談不上更好的發展，遲早要被市場淘汰。

某食品有限公司的業務員，經過半年的市場操作，該業務員對公司總彙報說，代理商及幾個大賣場認為利潤太少，合作沒有前途，決定退出。半年過後，那個業務員突然辭職不幹了，公司調查後才發現該業務員想自己獨佔市場，謊報「軍情」欺騙了公司，市場已經被他做壞了。

一對一營銷即是定制營銷，在追求個性化的今天，不雷同已成為現代人的追求，定制營銷也成為一種必然。定制模式拉近了企業與消費者的距離，企業可以更快地得到終端資訊，更好地在競爭中居於優勢。

家電公司為市場提供最高技術含量的高檔新產品，為 huyg

家庭生產瘦長體小、外觀漂亮的「小王子」冰箱，為顧客開發有單列裝水果用的保鮮室的「果蔬王」冰箱。2000 年 8 月推出「訂製冰箱」，只有一個月時間，就從網上收到多達 100 餘萬台的要貨訂單，相當於全年產銷量的 1/3，開創了電子網路 B2B 大批量訂制的先河。2001 年個性化訂單已達 1500 多萬台。

阿迪達斯在美國有一家超市，設立組合式鞋店，擺放著的不是做好了的鞋，而是鞋子的半成品。其款式、花色多樣，有 6 種鞋底、8 種鞋面，均為塑膠製作。鞋面的顏色以黑、白為主，搭帶的顏色有 80 種，款式有百餘種。顧客進來可任意挑選自己喜歡的部位，交給職員當場進行組合，只要 10 分鐘，一雙嶄新的鞋子便唾手可得。這家鞋店晝夜營業，職員技術熟練，鞋子的售價與成批製造的價格差不多，有的還稍便宜一些，顧客絡繹不絕，店裏的銷售額比附近的鞋店多 10 倍。

網路在社會和企業的發展中起著重要的作用，從網路上我們可以找到自己所需的資訊，包括產品資訊、服務資訊、競爭品資訊等，E-mail 也為企業內部與外部的交流提供了很好的溝通平臺。

7-11 連鎖是世界上著名的便利店，在日本有 8000 家，在臺灣有 4000 家。公司有一個即時監控系統，顧客一進店，他購買的資訊馬上就傳遞到公司。有了即時監控系統，總部就知道每天何時給那家店發貨，因為每家店裏都安裝有電腦，顧客在網上訂購了店裏沒有的東西，比如照相機，卻可以在商定的時間在店裏取到貨物。

（二）建立專門的資訊收集機構

企業可以設立資訊收集中心或是資訊反饋部，專門負責資訊的收集、整理和分析，並將資訊進行分門別類，不同資訊通知不同部門，生產部門的資訊，通知其進行產品的改進，銷售部門的資訊，通知其加強服務；同時要肩負監督的功能，監督各個部門的執行情況，同時為資訊的收集設立各種方便。

有某房地產開發公司，該公司的資訊統計工作是由統計部、業務部、經管部負責。業務部直接與客戶接觸，他們將反饋資訊進行詳細的記錄，然後匯總到統計部；統計部建立檔案，進行管理，並把一些有利用價值的資訊，交到經管部；經管再根據這些資訊制定出相關方案。該公司的老總說，他們正是通過對各種資訊篩選、統計與整理，才一步步將業務做上去的。

以某鞋子連鎖店而言，總部專門設立了一個由 20 多人組成的資訊部門，負責收集分析研究全國的市場信息，為公司的生產、營銷、開發提供依據。同時，每個公司、每個專賣店也落實專人負責資訊工作，並與部門進行對接。資訊人員依據工作分工，每天收集不同季節、不同類型的產品資訊，並及時反饋到開發部門，為開發工作提供依據；常年收集市場終端資訊，為公司的市場規劃提供依據。

總部第二天可利用展會，對資訊篩選、分析並分流，交由相關部門處理，並對前一天的資訊處理結果進行反饋。公司還通過每天的《資訊匯總》、每週的《資訊匯總》、每月兩期的《營銷快訊》、E-mail 等載體將資訊落實傳達到相關人員，為他們的工作提供依據。特別值得一提的是，每天全國各個專賣店、商場專櫃都將當天的銷售情況經由資訊管道反饋到總部。為此，總部每天都能及時而準確地瞭解到當天產品的銷售情況，從而對市場做出迅速而又準確的反應。

通過對資訊的收集和有效處理，對市場需求做出了準確的反應，從而不斷調整自己的物流工作，降低庫存，提高效益，市場的競爭能力不斷增強，企業效率連年遞增。

通用汽車專門設立顧客支援中心，如果用戶對別克車的設計、銷售、售後服務有想法，都可撥打免費熱線電話。顧客支援中心會為有興趣的用戶設立詳細的檔案，目前這個中心已有 6 萬多條顧客記錄，通用汽車推出的 GS、G、GL8 等車型都是在充分聽取顧客意見的基礎上，不斷改進後才進行生產的。

建立「跑店系統」是企業進行終端資訊收集的一個秘密武器。憑藉這個「跑店系統」，很多企業把終端工作做得細緻而扎實。通過終端商店這個視窗，隨時瞭解競爭對手想做什麼，在做什麼，並及時反饋回公司的營銷情報系統。

（三）終端零售商的信息

1. 包括產品的銷售量如何，與以前相比有什麼變化、那個牌子的銷量比較好，那個樣式比較流行等資訊。

2. 促銷的力度是否到位，廣告、公關等活動是否太頻繁，或是目標對象選擇不對，造成了浪費，還是促銷活動舉辦得太少，範圍太窄，很多消費者根本就不知道。

3. 使用是否適合，促銷方式是否與目標對象相一致，例如是否存在目標對象是兒童，卻採用了成年式的廣告方式；商店的消費群是觀光旅客，卻採用積分會員卡的促銷方式等等。

4. 促銷的目的是取得良好的效果，促銷結果是否達到了預期的目標，人們的接受程度如何，是否起到了廣告宣傳的目的，有多少人參加或是看到這次促銷活動，反響如何。

5. 能否保證終端可以及時得到商品供應；是否出現堵貨，貨物的流通是否順暢；廠家的資訊可不可以順利地到達終端消費者那裏；管道形式是否與商品的性質相符等等。

經常會發生鋪貨與促銷政策相脫節的情況，曾經風行一時的飲料就犯了這種錯誤。消費者在零售店根本就見不到蹤影，廣告打出去了，費用也花了，可由於鋪貨範圍的狹小，致使終端無貨可售，這也是失敗的主要原因之一。而通過消費者或是終端商的資訊反饋，廠家就可以輕易地發現工作中的這種不足，並及時彌補，更好地發展。

6. 終端商庫存量的大小，產品積壓過多的原因、缺貨的情況等。

7. 企業送貨是否及時、維修是否盡心、是否對機器進行及時的清洗等。

（四）建立完善的制度

業務員得到的資訊是最新、最快的，業務員對資訊及時的反饋，對廠家來說有著非同尋常的意義。廠家需要對其進行適當的獎勵，鼓勵其進行資訊反饋。可設立最快資訊反饋獎，授予資訊反饋及時的人員以「年度資訊反饋員」的稱號。

終端零售商是連接廠家與消費者的連接關鍵，其提供的資訊才真正反映了消費者的需求，零售商的資訊對企業的發展也有很大的作用。

為激勵向廠家反饋資訊，可設立獎項，專門獎勵及時反饋資訊的零售商，如設立最佳資訊反饋獎。尤其是對其資訊被採用了的終端更應該獎勵，可在公司每年的經銷商大會上，表彰這一部份終端商，並頒發獎金或給予其各種購買貨優惠。

六、確認業務員的鋪貨陳列績效

針對零售店的陳列販賣，主要考核是：一是「請進來」──主要是做好終端佈置，有吸引力，尤其是專賣店。二是「走出去」──主要是圍繞終端走向廣場，甚至走向社區做好促銷活動。同時在終端佈置上嚴格遵循「四得」原則，即：

・看得見(平看：海報、立柱廣告、台牌、燈箱、木牌、電視播放宣傳牌；仰看：橫幅、吊旗；俯看：產品陳列)。

・摸得著(資料架、展架、展臺、樣品等)。

・聽得到(促銷員推薦、店員介紹、電視播放宣傳牌等)。

・帶得走(手提袋、單張宣傳頁、自印小報、促銷小禮物等)。

考核重點如下：

(一)確認鋪貨陳列績效

1. 玻璃櫃檯內部

⑴品種是否齊全，各系列暢銷機型是否都在(3 個月內必須有五款機型)。(10 分)

⑵陳列是否規範，包括：

・集中原則。上櫃機型必須集中排列，決不能東一台西一台。(8

分）

・醒目原則。是否擺設在櫃檯中央最搶眼處。（8 分）

⑶托架齊全否？切忌放在其他品牌的托架上。（10 分）

⑷主次是否分明：牢記 20%的產品帶來的 80%的銷售額，新產品必須重點突出「星狀小彩紙」、「小綬帶」、「小彩星」提示。（8 分）

⑸櫃檯整體視覺效果是否協調、醒目

・有無紅色或黃色等暖色絨布鋪底襯托。（4 分）

・燈管上是否有紅底白字的本品牌覆蓋板。（4 分）

・新機旁是否有小紅燈閃爍。（4 分）

2. 櫃檯上面

・櫃檯面上是否有小圓牌。（10 分）

・是否有資料托架。（4 分）

・各機型單張折頁等資料是否齊備。（8 分）。

3. 櫃檯外

・是否有吊旗懸掛。（4 分）

・是否有海報、貼畫、掛畫等。（6 分）

・是否有立牌（可貼促銷活動告示）。（6 分）

・是否有燈箱。（6 分）

表 9-1 鋪貨考核表

<table>
<tr><th>項目</th><th colspan="2">內容(分值)</th><th>得分</th><th>項目</th><th>內容(分值)</th><th>得分</th></tr>
<tr><td rowspan="8">櫃台內</td><td colspan="2">品種是否全(10 分)</td><td></td><td rowspan="3">櫃檯上</td><td>有無立牌(10 分)</td><td></td></tr>
<tr><td rowspan="2">陳列是否規範</td><td>集中否(8 分)</td><td></td><td>有無資料托架(4 分)</td><td></td></tr>
<tr><td>醒目否(8 分)</td><td></td><td>宣傳資料齊全否(8 分)</td><td></td></tr>
<tr><td colspan="2">托架齊全否(10 分)</td><td></td><td rowspan="5">櫃台外</td><td>有無吊旗(4 分)</td><td></td></tr>
<tr><td colspan="2">小飾品主次是否分明(8 分)</td><td></td><td>有無海報(6 分)</td><td></td></tr>
<tr><td rowspan="3">視覺是否協調醒目</td><td>有無絨布襯托底(4 分)</td><td></td><td>有無立牌(6 分)</td><td></td></tr>
<tr><td>有無名人蓋板(4 分)</td><td></td><td>有無燈箱(6 分)</td><td></td></tr>
<tr><td>新機旁小閃燈(4 分)</td><td></td><td></td><td></td></tr>
<tr><td colspan="7">全項總分:(　　)分</td></tr>
<tr><td colspan="4">總結:</td><td colspan="3">改進安排:</td></tr>
<tr><td colspan="7">說明:1. 60 分合格,75 分優良,90 分以上優秀,每個點力爭優秀,但必須確保合格,即 60 分。
2. 有條件者先上,條件不足者積極創造條件,逐步推廣。</td></tr>
</table>

（二）食品廠商的陳列作法

某食品廠商對業務員在轄區零售店的陳列績效，其考核評分方法為：每家商場陳列滿分為 100 分，每月由公司銷售主管組織人員到商場、超市抽查 3 次進行評分，取平均值作為最後成績。

獎勵辦法：每一位理貨員按綜合評分值，得到應得的工資和獎金，若平均基數為 9500 元，那麼每一分值等於 1.5 元，得滿分者即得當月獎勵總金額為 9500 元，商場這種方法公平、合理、簡單、有效。可以激勵業務員努力做好產品陳列，並積極督促商場訂貨、補貨。

即商場、超市內除正常貨架陳列外，另有堆箱（堆地、堆頭）陳列、端架陳列或公司特製的陳列架陳列等。

若陳列豐滿無缺貨，可獲得 20 分；若空無一物，則為 0 分；若陳列有缺貨現象，則按產品擺放的豐滿程度獲得 0～20 分之間的相應分數。其評分內容主要由以下幾方面組成：

⑴以五層貨架為例，如果公司產品陳列在黃金陳列線，即第二層，則得 4 分；若陳列在第一層和第三層，則得 3 分；第四層，得 2 分；第五層，得 1 分；若無貨，則得 0 分。

⑵產品擺放在貨架上最外面一排的數量，就是產品的排面。產品各口味在貨架上同時各有 2 個排面可得 1 分，4 個排面得 2 分，6 個排面得 3 分，沒有排面得 0 分。

⑶各產品在貨架上擺放數量達到 10 個（板）可得 1 分，20 個（板）可得 2 分，依此類推。若數量不足 10 個，則得 0 分。

⑷若本產品相對競爭產品位置最佳，可得 4 分；位置次之，可得 3 分；依此類推，位置最差，則得 0 分。

⑸若產品排面最大，則得 4 分；排面第二大，則得 3 分；排面

最小，則得 0 分。

這個考核和激勵措施是非常技術化的，業務員只需稍加變化就可以複製到自己的企業的營銷工作中去。

表 9-2　說服店主的方法表

說服店主的方法	
	第一步：直接與店主溝通，坦誠地告訴店主我是誰，我來做什麼；
	第二步：委婉地告訴店主此次活動地目的：提高貴店飲料的銷售量，提高店員的銷售技巧；
	第三步：針對前期對各品牌飲料的調查統計結果和店主一起分析，並委婉地提出目前貴店在終端運作方面存在的一些小問題，如：各品牌飲料陳列混亂及擺放貨架不顯眼，無 POP 廣告，店員的推薦不夠積極等；
	第四步：把複印的「寶潔的陳列管理」的材料，交給店主看，和店主一起擬定產品陳列計劃；
	第五步：店主安排了兩個店員改善產品陳列，主動協助店員擺放同時和店員就促銷方法作進一步交流。
	第六步：選定○○○純淨水為本次活動的主推產品。

第 10 章

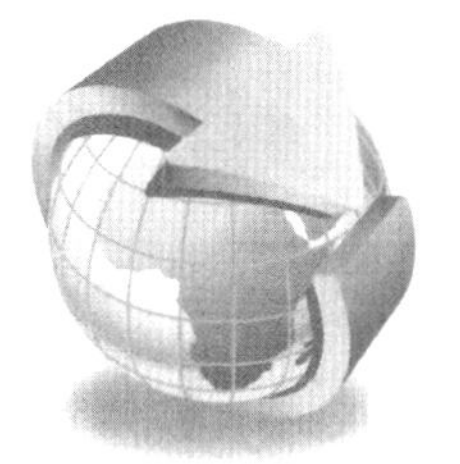

竄貨是銷售管道的毒瘤

竄貨是指廠家銷售管道中的各級經銷商受利益驅動，為獲取非正常利益，以低於正常的價格向授權區域以外的地區銷售產品，造成價格混亂、市場傾軋，從而使其他經銷商對產品失去信心，消費者對品牌失去信任，它是管道衝突的一種典型表現形式。

發展和穩定是企業銷售工作的兩大目標。廠家首先是要求發展，要不斷地開發新市場，確保銷售量不斷上升。但是，沒有穩定就沒有發展，企業要在市場上站穩腳跟，就必須控制好市場。

一、為何會出現竄貨

任何事情的發生都有它發生的理由，竄貨也不例外。竄貨現象產生的原因是多種多樣的，或是因為某些地區市場供應飽和；或是廣告拉力過大而管道建設沒有跟上；或是企業在資金、人力等方面的不足，造成不同區域之間通路發展的不平衡；或是企業給予通路的優惠政策各不相同，經銷商利用地區之間的差價進行竄貨；或是由於運輸成本不同而引起竄貨，一些經銷商自己到廠家去提貨，其費用低於廠家送貨的費用，從而使得經銷商可以竄貨。竄貨的原因主要有如下幾種。

1.企業管道政策出現問題

企業行銷戰略出現失誤是竄貨的重要原因，這種情況主要是因為企業沒有對市場進行有效的調研分析，不瞭解市場運行狀況所致。

2.制定的銷售目標不切合實際

企業不切實際的銷售目標是出現竄貨現象的重要原因之一。某些企業為刺激分公司、經銷商、業務員的積極性，盲目下達任務，好像目標就是業績，往往制定過大的、不切合實際的銷售目標，分公司、經銷商、業務員便低價將產品拋向相鄰的市場。企業制定的銷售目標過大，主要是企業沒有進行有效的市場調研，不瞭解市場的情況；不瞭解分公司、經銷商、業務員的銷售能力；不瞭解競爭對手的情況。

3.區域市場劃分不合理

企業給經銷商、業務員劃分的區域市場不合理，是導致管道竄貨的主要原因之一。這種不合理主要表現在區域市場重疊。重疊區就成為竄貨的重災區。

4.優惠政策有很大差異

如果一個企業對同級的不同市場採取的優惠政策不同，就會導致享受優惠政策相對少的市場的不滿，從而引發竄貨危機。

例如某企業為提高產品在 A、B 兩市場上的佔有率，上馬了一組廣告藉以提勢。但是，基於各方面的原因，企業在 A 市場投入了大量的廣告宣傳，而在 B 市只投入了小部份的宣傳。通常而言，廣告宣傳力度大的市場的產品要比廣告宣傳力度小的市場上的產品賣得好。對商人來說，利益就是生命，B 市場的經銷商在不公正待遇下，心理極度不平衡，為了獲得企業給予的最大限度的年終獎勵，就向 A 市場拋售產品，越區銷售，從而擾亂了正常的市場秩序。

5. 價格政策不合理

有許多企業都是採用分銷管道將產品送到消費者手裏的，所以企業所制定的、關係到每一經銷商切身利益的價格政策合理與否至關重要。合理的價格政策可以滿足每一經銷商的需求，可以提高每一經銷商經銷產品的積極性，是增強顧客購買慾，戰勝競爭對手的重要砝碼。

然而，現實卻並非如此，不合理的價格政策在實際中比比皆是，其不合理的表現主要是企業在制定價格政策時不對市場進行調研，沒有考慮每一經銷商的實際情況和實際利益。

通常而言，企業會對不同的經銷商(代理商、批發商、零售商等)採取不同的價格政策，使每一經銷商有利可圖。然而，有些企業卻不注重這些，對代理商、批發商採取統一或相差無幾的價格，極大地挫傷了他們中一部份人的積極性，無形中削弱了產品在市場中的競爭力。

6. 選擇了不良經銷商

有的企業在經銷商的選擇上不夠慎重，採用的是來者不拒的原則，只要來者願意出錢買自己的產品，不管對方自身的情況如何，都可以成為其產品的經銷商。如果有一個市場只需要一個經銷商，而實際上這個市場有兩三個甚至更多，不可能不竄貨。出現這種現象的原因在於企業急功近利、飲鴆止渴，而且不瞭解市場的實際情況，主觀臆斷。

某品牌酒在市場上比較有名，產品在市場上銷得不錯，自身實力不太強的李某很想成為這個酒廠的經銷商，但是酒廠明文規定:「有資金、有能力、有修養的人才能成為企業的經銷商。」李某心知肚明，自己不夠這個資格。正在李某沒有好辦法的時候，打聽到自己的一個親戚與這酒廠所在地區的廠家有點關係，於是他看準了這個「賣點」，精挑細選了許多東西讓他的親戚找該廠家「活動活動」，結果這個廠家就批了個條子，指示酒廠的廠長將產品以出廠價賣給李某。

廠家迫於壓力，無奈將李某納入了企業的經銷商隊伍，規定李某必須完成和同級經銷商相同的銷售任務(每月 3 萬元)。可想而知，能力不強、銷售網路不健全的李某是不可能完成這個任務的。但為了完成目標，李某以較低的出手價，將產品投向了市場。許多經銷商得知了李某的「降價」行為後，頗為不滿，紛紛放棄了經銷這一產品的權利。廠家有苦難言，損失逾百萬。

7.缺乏必要的培訓，缺少溝通

由於企業與行銷管道相關人員缺乏必要的溝通，很多人(包括企業內部、員工、經銷商等)對企業的產品、制度、政策認識不深，和企業形不成命運共同體，這些人想怎麼做就怎麼做(包括竄貨)，不考慮企業的利益及管道對市場的重要性，結果引發許多危機。

8.企業低價出售產品

許多效益不好的企業大多在消除欠債時都採用這種方法——低價出售產品。殊不知，企業的這種行為為某些經銷商竄貨提供了價格保障。

9. 企業供貨不及時

一些經銷商手裏的產品即將銷完或已經銷完，急需企業發貨，但由於各種原因致使企業發貨延期，經銷商在貨沒到之際，為了有貨銷，不出現斷貨的情況，就到其他經銷商處拿貨，引起竄貨。

10. 缺乏有效的市場監督系統

惡性竄貨存在巨大的危害，就應該將其消滅於萌芽狀態，從而使竄貨的危害降至最低點。這就需要企業建立完善的市場監督體系，並不斷強化這種體系，使各經銷商或分公司沒有竄貨的機會。

11. 經銷商見利忘義

導致竄貨的另外一個重要原因是經銷商為了自身利益，而置企業的利益於不顧。具體表現在以下方面。

⑴某些經銷商、業務員為獲取最大比率的年終獎勵，拼命去做銷售，當本地市場無法滿足他們的慾望時，他們就會越區銷售。

⑵為降低損失，某些經銷商欺瞞消費者，把過期或即將過期的產品低價出售，導致管道竄貨。

⑶為消除庫存積壓產品，增加產品銷路，越區銷售。

⑷為提高與企業談判的砝碼，經銷商之間相互勾結，聯合起來對付企業，企業迫於經銷商的壓力，做出一些無奈的決定，如降低價格給經銷商發貨，增加給經銷商的返利等。某些經銷商看到這招好使，就一而再、再而三地提出無理要求，並做出一些令企業難堪的事情。

⑸經銷商為了利益收買企業內部人員，例如企業內部管理人員或業務人員，與他們相互串通，為管道竄貨提供了便利條件。

⑹經銷商跳槽也有可能引發竄貨。例如，一商家本是 A 產品的經銷商，後因這種產品與同類產品相比利益不是太大，就去經銷 B 產

品，但他手裏還有 A 貨，為了回籠資金，就低價處理 A 產品，結果給 A 產品生產企業帶來了許多不良影響。

⑺批發商本應以批發為主，而某些批發商卻直接接近終端，低價把產品賣給消費者。

12.促銷「惹禍」

企業為了擴大產品的影響力，提升品牌的形象，適時推出了一些促銷活動。在促銷期間企業有意降低產品價格，某些經銷商覺得這個時候進貨是好時機，價格肯定相對偏低，能給自己帶來更多的利潤，於是就大批量進貨，待活動結束後，以相對較低的價格，將產品拋向市場。

13.假冒偽劣產品衝擊

假冒偽劣產品的存在也是造成行銷管道竄貨的原因之一，它不僅會傷害企業的利益，還會引起消費者的懷疑，失去消費者的信任，更甚者會使當地市場破壞。

⑴一些經銷商為獲取高額利潤，不擇手段，造假或拿假貨濫竽充數。

⑵某些企業只顧眼前利益，生產不合格產品或自己直接造假，然後低價將產品投放市場，獲取非法利潤。

⑶社會上的某些人員，看到某種產品賣得不錯，就自己造假。

竄貨具有極強的內部破壞力，它可以毀掉銷售、毀掉市場，使企業賴以生存的銷售網路出現漏洞。對此，企業不能視而不見、聽之任之，一定要採取適當的措施應對此危機，加以管理。

二、竄貨造成危害

竄貨最直接的危害就是導致產品價格混亂。行銷要素中，管道就好比人體的血管，價格就是維持血液正常流通的營養因數。產品從行銷的心臟——企業沿血管輸送到終端，一旦價格出現混亂，將會導致連鎖反應，產生嚴重的後果。

⑴經銷商對產品品牌失去信心

經銷商銷售某品牌產品的最直接動力是利潤。一旦出現價格混亂，銷售商的正常銷售就會受到嚴重干擾，利潤的減少會使銷售商對品牌失去信心。經銷商對產品品牌的信心樹立最初是廣告投放，這是空中支持，其次是地面部隊的配合，就是行銷監控，即企業對產品品質、價格的監控。當竄貨引起價格混亂時，經銷商對品牌的信心就開始逐漸喪失，最後拒售商品。

⑵混亂的價格，打擊消費者對品牌的信心

消費者對品牌的信心來自良好的品牌形象和規範的價格體系，竄貨則會破壞這種形象和體系，打擊消費者的信心。「金利來」對此曾有深刻的教訓：「金利來」透過大量廣告宣傳和優質的產品，成功地塑造了「男人的世界」的良好形象，但早期對假貨和竄貨現象監管不力，地區差價達到一倍甚至幾倍，消費者由於害怕買到假貨，不敢購買真假難辨的「金利來」產品，「金利來」作為名牌的品牌一度受到嚴重的損害。

⑶竄貨威脅企業的正常經營

在品牌消費時代，消費者對商品指名購買的前提是對品牌的信

任。由於竄貨導致的價格混亂會損害品牌形象，一旦品牌形象不足以支撐消費信心，企業透過品牌經營的戰略將會受到災難性的打擊。企業之所以能在不長的時期內塑造一個名牌，是因為適逢市場轉型這樣一個時代機會，一旦市場經濟體制完善，市場瓜分完畢，企業再想透過白手起家創名牌，那是非常困難的。

塑造一個名牌極為不易，在西方國家，企業不輕易涉足製造業，因為成功推廣一個品牌需要 1 億美元左右。因此，對品牌的完善管理，其實就是一個品牌保值的過程。竄貨問題作為品牌管理的重要方面，應該引起行銷人員的高度重視。

三、運用技術手段，減少竄貨發生

為防止和控制竄貨，利用技術手段來配合和加強對竄貨的管理，採用的形式主要是對銷售產品實行區域差異化，從顏色、規格、包裝、區域編碼等方面區分不同銷售地區。

⑴產品商標顏色差異化：同種產品的商標在不同地區，在保持其他標識不變的前提下，採用不同的顏色加以區分。

例如銷往陝西的外包裝採用紅色，銷往河南的外包裝採用藍色。技術高、竄貨成本很高、不宜破壞，能夠較好的起到防竄貨作用。產品外包裝生產規模化、銷售區域劃分過細等因素，都會影響包裝成本。

如果銷售區域劃分過細，會破壞產品的定位和品味，給消費者留下不良印象，對於提升品牌美譽度產生不良影響，得不償失。

⑵產品包裝規格差異化：同種產品的商標在不同的地區，在保持其他標識不變的前提下，採用不同的規格加以區分。例如銷往陝西的

外包裝採用盒裝，銷往河南的外包裝採用單位裝。

⑶產品編碼差異化：同種產品的商標在不同的地區，在保持其他標識不變的前提下，利用文字、圖形、字母、郵編、數字或這些圖形文字的組合等標明銷售區域。這種方法技術含量低，破壞防竄貨措施成本低、風險低。竄貨經銷商採取簡單的手段，經過簡單的操作，即能讓原來的防竄貨手段形同虛設。

單一的技術手段防竄貨已經無法有效防止竄貨，而採用帶有防偽、防竄貨編碼的標籤對企業產品最小單位進行編碼管理，是當前許多企業都採用的方法。編碼制是給每一個區域的商品編上一個唯一的號碼，印在產品內外包裝上，採用代碼制可使廠家在處理竄貨問題上掌握主動權。首先，由於產品實行代碼制，使廠家對產品的去向瞭若指掌，避免經銷商有恃無恐而貿然採取竄貨行動；其次，即使發生了竄貨現象，廠家也可以弄清楚產品的來龍去脈，有真憑實據，處理起來相對容易。

產品編碼制主要借助通訊技術和電腦技術，在產品出庫、流通到經銷管道各個環節中，對編碼進行銷售區域、真假等信息載入，並透過一定的技術手段，追蹤產品上的編碼，監控產品的流動，對竄貨現象進行適時的監控。

以技術手段進行防竄貨是竄貨管理的基礎，其他手段都必須有技術手段支持才能得以實施。

四、解決竄貨問題的管理對策

竄貨是一種比較常見的市場行銷頑症，也有人稱它為「倒貨」，由於竄貨會給銷售網路帶來嚴重破壞，談竄色變，解決竄貨的具體措施主要有以下幾條。

1. 建立銷售體系，做好銷售管道

管道體系的建立包括區域劃分和經銷商選擇，選擇好經銷商，保持區域內經銷商密度合理、經銷能力和經銷區域均衡。

⑴選擇企業戰略區域市場，篩選匹配的經銷商。在制定、調整和執行招商策略時要明確的原則就是避免竄貨主體出現或增加。一旦確定戰略區域市場，在該市場內如何鑑別經銷商的標準可參考的幾個指標：經銷商的資格信譽和職業操守，經銷商的品德和財務狀況、規模、銷售體系、發展歷史等，防止竄貨經銷商混入銷售管道；及時發現和清理竄貨經銷商，控制和穩定市場，防止竄貨經銷商對市場體系的進一步破壞。

⑵合理劃分銷售區域。保持區域內經銷商密度合理，經銷能力和經銷區域均衡。清掃竄貨土壤，讓竄貨沒有寄生環境。

合理劃分銷售區域，保持每一個經銷區域經銷商密度合理，防止整體競爭激烈，產品供過於求，引起竄貨，對於難於劃分銷售區域的地區犧牲部份利益。例如：實行區域專賣，專門為這些區域商家開發專銷產品，且專銷商只經營一種品牌產品，與其他經銷商的產品區別開來，使經銷商與企業結成利益共同體，經銷商對產品的熱情高，對企業的忠誠度也會提高，企業比較好管理。

例如，某品牌白酒為了緩解甘肅天水週邊幾個縣城的銷售壓力，將天水作為零經銷商區，在該區域的市場不設經銷商，把該區域作為週邊各經銷商調整和緩衝區域，允許週邊經銷商在該區域自由競爭，起到了一定的效果。

⑶保持經銷區域佈局合理，避免經銷區域重合，部份區域競爭激烈而向其他區域竄貨。

⑷保持經銷區域均衡。

2.堵住源頭

要對付竄貨這種行銷中的頑疾，就要堵住源頭，也就是中醫上講的「固本清源」。企業銷售應由一個部門負責，多部門負責最容易引起價格的混亂，這種現象多源自行政部門對銷售部門的干擾。廠家維持了企業內部的價格體系，並嚴格執行，在一定程度上就堵住了源自企業內部的竄貨源頭。

3.建立監督管理體系

設立市場總監，建立市場巡視員工作制度，把制止竄貨現象作為日常工作常抓不懈。市場總監是竄貨現象的直接管理者，其職責就是帶領市場巡視員經常性的檢查巡視各地市場，及時發現並解決問題，這樣可以做到防患於未然。

4.及時察覺竄貨行為，迅速查處，防止擴大

竄貨發生後，企業應採取手段來處理竄貨。首先要防止竄貨的擴大，允許竄貨者將所竄貨物在被竄貨市場銷售，直到被竄的貨物被完全消化，但銷售價不能低於企業規定的價格；其次，責令竄貨經銷商停止竄貨，由企業或被竄貨經銷商從市場上收購被竄產品；最後制裁竄貨經銷商。

5.建立有效的資金調控機制

在貨款結算上堅持用現金或短期承兌匯票，建立嚴格有效的資金佔用預警及調控機制。根據經銷商的不同特性（市場組織力、商業信譽、分銷週期、支付習慣、經營趨勢、目標市場容量、價格浮動情況、

產品佔有率等）建立產品資金佔用評價體系，將鋪貨量數字化，使發出產品的資金佔用維持在一個合理的水準，防止經銷商因佔用太多產品、資金而形成竄貨的惡性勢能。在當前買方市場的背景下，廠家控制應收賬款顯得十分重要。

6. 制定合理的獎懲措施，做到有章可循

銷售獎勵可以刺激經銷商的進貨力度，但也容易引發價格戰。因此，銷售獎勵應該採取多項指標進行綜合考評。除銷售量外，還應考慮經銷商的價格控制、銷量增長率、銷售盈利率等因素，把是否有竄貨行為也作為獎勵的一個考核指標，對於舉報竄貨的經銷商給予獎勵，而對於竄貨的經銷商給予相應的處罰，並重新選擇經銷商。

廠家和經銷商簽訂經銷合約時，應以附件形式將竄貨的具體處罰條款詳細列出來。為了使合約有效地執行，必須採取一些措施。

⑴交納一定的保證金。保證金是合約有效執行的條件，也是企業提高對竄貨經銷商威懾力的保障。如果經銷商竄貨，按照協議，企業可以扣留其保證金作為懲罰。

⑵量化竄貨行為懲罰條款。同時獎勵舉報竄貨的經銷商，激發大家防竄貨的積極性。

7. 建立完善的網路管理制度

加強對銷售網路的管理，建立合理、規範的級差價格體系，同時嚴格對有自己零售終端的總經銷商進行出貨管理。

8. 獎勵打假

設立打假獎勵基金，按年度考核，評選出打假先進業務員、經銷商和消費者，激發全員的打假熱情。如某廠家把打假查獲的產品折價，從中提取 15%，對協助廠家打假的經銷商進行獎勵，並把打假列

為考核各級銷售經理業績考核指標之一，也鼓勵和支援消費者提供假貨信息。

為保障「漫步者」音響的品質，廠家設立品質保證基金，消費者既可舉報假冒「漫步者」的行為，也可監督正宗「漫步者」的品質，凡舉報、監督屬實者，一律予以不同程度的獎勵。華帝每年撥出100萬元設立消費者保護基金，如果查明是假貨，華帝將從資金和人力上協助消費者和有關管理部門打假。

五、關於竄貨和價格的管理

1.分公司(分部)市場管理要求

⑴分公司對外批發價不得低於銷售中心規定的指導批發價。

⑵商場零售標價不得低於銷售中心的建議零售價。

⑶分部對外批發價不得低於所屬分公司規定的指導批發價。

⑷分公司(分部)不得在公眾媒體上發佈未經銷售中心批准的非正常價格信息。

⑸分公司(分部)不得跨地區銷售。

⑹分公司、分部要記錄發出商品的機號和接收單位。

⑺分公司要及時反映其他地區以低價衝擊本地區市場的情況，並提供準確依據。

2.代理商(經銷商)市場管理要求

⑴在指定區域內批發價不得低於分公司規定的指導批發價。

⑵商場零售標價不得低於分公司的建議零售價。

⑶代理商(經銷商)不得在公眾媒體上發佈未經分公司批准的非

正常價格信息。

⑷代理商(經銷商)不得跨地區進貨和銷售。

⑸代理商要負責及時調查和反映其他地區以低價衝擊本地區市場的情況，並提供準確依據。

某公司對竄貨和低價傾銷的管理規定

⑴規定對直接竄貨、間接竄貨、惡意竄貨、一般竄貨進行了明確界定。首次引入了間接竄貨的概念——在自己的區域內由其他批發商造成的竄貨屬於間接竄貨。

⑵根據經銷商竄貨的數量和價格，把竄貨行為分為兩種類型：惡意竄貨——一個月內竄貨數量超過5件，且竄貨的價格低於公司的出廠價或發佈的市場指導價，同時給被竄貨市場造成惡劣影響的竄貨行為；一般竄貨——一個月內竄貨數量大於5件，竄貨價格不低於公司的出廠價或發佈的市場指導價，未對被竄貨市場造成嚴重損害的竄貨行為。

⑶明確竄貨責任人和連帶責任人。與公司直接簽訂協定的經銷商，直接或間接發生竄貨，均承擔竄貨責任，屬於竄貨責任人。在經銷商經理的管理區域內發生竄貨，經銷商經理負有管理責任，屬於竄貨連帶責任人。在業務員和銷售經理的管理區域內發生竄貨，業務員和銷售經理負有管理責任，屬於竄貨連帶責任。

⑷確定違規處罰標準。

⑸確定違規處理程序。

表 10-1 竄貨處罰標準

<table>
<tr><th rowspan="2">行為分類</th><th rowspan="2">違規時間</th><th colspan="4">處罰標準</th></tr>
<tr><th>經銷商</th><th>經銷商經理</th><th>業務員</th><th>銷售經理</th></tr>
<tr><td rowspan="2">一般竄貨</td><td>一類
(竄貨5～30件)</td><td>支付收購金額，負擔貨物回運費，取消當月竄貨部份的「月管理佣金」</td><td>取消當月「月管理佣金」中屬於竄貨經銷商的部份</td><td>批評</td><td>批評</td></tr>
<tr><td>二類
(竄貨30件以上)</td><td>支付收購金額，負擔貨物回運費，取消當月「月管理佣金」，全省通告</td><td>取消當月「月管理佣金」</td><td>警告</td><td>批評</td></tr>
<tr><td rowspan="3">惡意竄貨</td><td>C類
(竄貨5～30件)</td><td>支付收購金額，負擔貨物回運費，取消當月「月管理佣金」，全省通告</td><td>取消50%當月「月管理佣金」</td><td>警告</td><td>批評</td></tr>
<tr><td>D類
(竄貨30～100件)</td><td>支付收購金額，負擔貨物回運費，取消當月「月管理佣金」，全省通告，停止發貨一個月</td><td>取消當月「月管理佣金」</td><td>警告</td><td>批評</td></tr>
<tr><td>E類
(竄貨100件以上)</td><td>解除專銷協議</td><td>取消當月「月管理佣金」，全省通告</td><td>嚴重警告</td><td>警告</td></tr>
</table>

①被竄貨區域內經銷商和公司業務員共同填寫《竄貨投訴狀》，直接傳真給公司管道秩序監控小組。

②接到《竄貨投訴狀》7 日內，由當地業務員和公司管道秩序監控小組協同被竄貨經銷商，對竄貨證據共同認定，填寫《竄貨證據認定書》。

③由公司管道秩序監控小組根據《竄貨處罰條例》填寫《竄貨裁決通知書》下發給當事經銷商和經銷商經理。經銷商不服裁決，可在發出《竄貨裁決通知書》10 日內，在提出新的證據的情況下提出復議申請，複議程序同上。

④把處罰竄貨的通告下達給各個經銷商，以正行規。

⑹對低價銷售的管理規定

①低價銷售的界定和類別：凡是以價錢低於公司出廠價或發佈的市場指導價出售產品，均屬低價銷售。其中，由經銷商直接批發給下級批發商或零售商屬直接低價銷售；由經銷商所屬區域的批發商批發給其他批發商或零售商屬間接低價銷售。如出貨價不低於公司的出廠價，屬於一般低價銷售。

②低價銷售責任人和連帶責任人。與公司直接簽訂協定的經銷商，直接或間接發生低價銷售，均承擔責任，屬於低價銷售的責任人。在屬於經銷商經理管理的區域內發生低價銷售，經銷商經理負有管理責任，屬於低價銷售連帶責任人。在屬於業務員和銷售經理和區域發生的低價銷售，業務員和銷售經理負有管理責任，屬於低價銷售連帶責任人。

③確定違規處罰標準。

表 10-2　低價銷售處罰標準

行為分類	違規類別	處罰標準			
		經銷商	經銷商經理	業務員	銷售經理
一般低價銷售	F類	取消當月「月管理佣金」	取消當月「月管理佣金」中屬於低價銷售的經銷商部份	批評	批評
惡意低價銷售	G類	取消當月「月管理佣金」，全省通告	取消當月的「月管理佣金」	警告	批評

心得欄 ------------------------------

第  章

針對終端零售商的促銷

終端促銷活動與其他市場行銷活動有所不同。企業的產品開發、產品訂價、管道選擇等市場行銷活動，主要是在企業內部或者在企業與市場行銷夥伴之間進行的。

一、針對終端零售商的促銷作用

企業的終端產品促銷活動，是要向其目標消費者傳播有說服力的產品信息，說服消費者前來購買產品。也就是說，終端促銷活動是在企業與其目標消費者或社會公眾之間進行的。

⑴為目標市場提供信息情報

在產品正式進入市場之前，企業必須把有關產品信息傳遞到目標市場的消費者、用戶和中間商那裏。信息情報能引起消費者的關注；能為中間商採購適銷對路的商品提供條件，激發他們的經營積極性。

顯而易見，這是企業產品銷售成功的前提條件。

⑵有效地維持企業在終端的宣傳

透過人員進店促銷，可以更好地搶佔產品陳列擺放的最佳位置，維持終端宣傳品的宣傳時效和保持不受損壞，樹立企業在消費者心目中的良好形象。

⑶有效地加速產品進入市場的進程

當消費者對剛投放市場的新產品還未能有足夠的瞭解和做出積極反應時，透過一些必要的促銷措施可以在短期內迅速為新產品開闢銷路。例如，讓消費者免費試用新產品，以引起消費者對新產品的興趣和瞭解，從而促進其下決心購買產品。

⑷擴大企業產品的消費群體

透過人員進店促銷，可以及時有效地向顧客推薦自己的產品，並使顧客實現購買，奪回其他品牌因各種原因奪走的消費人群，鞏固原有的消費者和爭取到新的消費者，增加產品的銷量，擴大產品的消費群體。

⑸引起購買慾望，擴大產品需求

企業無論採取何種促銷方式，都應力求激發起潛在顧客的購買慾望，引發他們的購買行為。有效的促銷活動不僅可以誘導和激發需求，在一定條件下還可以創造需求，從而使市場需求朝著有利於企業產品銷售的方向發展。當企業產品處於低需求時，可以擴大需求；當需求處於潛伏狀態時，可以開拓需求；當需求波動時，可以平衡需求；而當需求衰退時，促銷活動又可以吸引更多的新消費者，保持一定的銷售勢頭。

⑹突出產品特點，建立品牌形象

在競爭激烈的市場環境下，消費者往往難以辨別或察覺許多同類產品的細微差別。這時，企業可以透過有效的促銷活動，宣傳本企業產品較競爭企業產品的不同特點及它給消費者帶來的特殊利益，在市場上建立起本企業產品的良好形象。

⑺說服初次試用者再購買，以建立固定消費群

如果產品具有了承諾的利益；促銷就能幫助企業獲得再購機會，這可以建立起消費者的購買習慣。因此，一個持續的促銷計劃，應設法要求消費者換取贈品，鼓勵重購，以至於形成固定消費群。

⑻維持和擴大企業的市場佔有率

在許多情況下，一定時期內的企業銷售額可能出現上下波動，這不利於穩定企業的市場地位。這時，企業可以有針對性地開展各種促銷活動，使更多的消費者瞭解、熟悉和信任本企業的產品，從而穩定乃至擴大企業的市場佔有率，鞏固市場地位。

⑼有效地抵禦和擊敗競爭者的促銷活動

當競爭者大規模地發起促銷活動時，如不及時採取針鋒相對的促銷措施，往往會大面積地損失已佔有的市場佔有率。因此，促銷又是市場競爭中抵禦和反擊競爭者的有效武器。

例如，採取減價優惠或減價包裝的方式來增強企業產品對消費者的吸引力，以穩定和擴大自己的消費群體，抵禦競爭者的侵蝕。如果競爭者推出一個有效的促銷計劃，自己也就要推出一個以保持現有顧客為目的的促銷計劃，以抵銷對方的廣告和促銷活動對消費者的影響。領導品牌的廣告主，為了維持其市場佔有率，常常採用促銷策略。

⑽帶動關聯產品的銷售

促銷不僅能增加某品牌的銷售，也能影響關聯產品的銷售。促銷透過折價、附送等方式，對不同的經銷商和消費者形成了購買價格的差異，正是這種在價格敏感限度內的差異，很好地調整了產品的供求關係，從而帶動了相關產品的銷售。

⑾加強廠家與經銷商、消費者的溝通，促進商品交換過程中的互動透過人員進店促銷，可以及時瞭解經銷商、消費者的意見和建議，掌握自己產品和同類競爭產品的信息，解決消費者的疑難問題和不滿，保證各種產品的及時供貨並避免造成商品積壓，從而促進商品交換過程中的互動。

二、要對終端零售商進行販賣支援

1. 協定

經銷商與企業之間一般來說是有協定的，通過協定的合作和約束可以初步形成一個有組織、有計劃的戰略聯盟。而終端零售商往往是各自為陣的散戶，他們是什麼產品好賣就賣什麼產品，什麼產品有利潤就賣什麼產品，同一產品誰家的便宜、誰家送貨及時、誰家服務好就買誰家的。貨流的管道和形式是自由流通，交叉進貨。這就為無序競爭、惡性竄貨提供了基礎。

解決的主要方法是通過協定，將各自為陣、一盤散沙的批發商、零售商納入廠商的網路管理範圍，使批發商、零售商覺得有歸屬感，有協定的支援和制約。在沒有外來重大的誘惑下，他們會按照協定經銷廠商的產品。

2. 會議

通過經常性的召集區域內的零售店參加的訂貨會、產品介紹會、促銷政策告知會、銷售獎勵兌現會等會議，加強與零售商的溝通和聯絡，通過會議和資訊支援，爭取他們對終端工作的保證，這是一種行之有效的好方法。

3. 客情關係

「做生意先做人」，客情關係是長期生意的基礎。一個區域內批發商、零售商可以從不同的途徑進貨，雖然不少企業要求封閉式銷售，這只是製造商的一廂情願，要想終端零售按照製造商的要求，長期、穩定地向一家經銷商進貨，除了政策、價格因素之外，還要求經銷商必須與批發商、零售商做好客情關係。只有提高服務質量、加強溝通和協作，通過各種活動維護並加強雙方的感情，才能真正綁住零售商。

4. 給予獎勵

產品價格與銷售利潤密切相關，它直接影響零售的積極性，但企業對價格的控制又是非常嚴格的，隨意的價格變動會給市場帶來嚴重的負面影響。正確的價格支援方法應該是：廠家規定的正常的各級價差一般情況下不能隨意變化，但是為了加強終端競爭力，提高終端零售商的積極性，在必要時應給予明獎暗返(不公開的獎勵)。

明獎作為一種激勵，對於做到一定銷售量或達到某種先進標準的，給予獎勵，不僅讓他拿得開心，還為別人樹立了榜樣；暗返作為一種價格支援，對於有支援必要或有支援價值的客戶，給予一定的利潤支援，讓他感到自己是惟一的、是滿意的。這種方法運用得當有助於核心客戶群的形成，有助於客情關係的加強，有助於市場競爭力的加強，有助於銷售量的提高。

5. 人員支援

廠商對零售最直接的支援莫過於人員的支援。如為了加強終端零售商的優勢，企業組建輔導員隊伍、促銷員隊伍對零售商進行人員支援。由輔導員分區域進行終端開發、終端維護，挨家挨戶拜訪終端，幫助經銷商拿訂單。

例如：統一、康師傅率先採用大批量(全國 5 萬多名)輔導員，對批發商進行人員支援，對終端零售商進行人海戰術的直接肉搏戰，一舉獲得成功，統一、康師傅的茶飲料、果汁飲料經過短短三、四年的培育，越過了可口可樂和娃哈哈這樣頂級的飲料巨人，躍居第一品牌。

6. 促銷

促銷是營銷四要素之一，在競爭越演越烈的今天，商品促銷工作日益顯得重要。但是不少經銷商為了自己眼前的利益，截扣製造商的促銷品和促銷費用，使製造商的促銷政策不能到達終端，終端不能通過促銷形成商品的銷售高潮，甚至使終端零售商與批發商產生矛盾和意見。對終端進行促銷的、活動的支援不僅可能以提升商品的銷量，還能加強批發與終端的合作、客情、默契等關係。

一個成功的產品想要真正得到終端和消費者的支援，必須要在管道開發、終端建設初步完成之後，及時地推出強有力的終端促銷活動以起動消費。

7. 終端陳列支援

售點的廣告、宣傳和商品陳列是銷售工作的臨門一腳。做得好的商品展售，能把商品做活，讓商品自己來說話：「看看我吧！試一試吧！來買我吧！我能讓你滿意！」終端陳列支援是廠商對終端系列支援中非常重要的一項工作。

終端陳列支援的主要內容有陳列貨架(冰櫃)等陳列實物支援、陳列獎勵等陳列政策支援、陳列技術支援、陳列維護支援等。

8. 產品廣告宣傳

人們稱產品的終端對抗為地面部隊的作戰，而產品廣告宣傳則是空中的轟炸機。只有空中轟炸與地面部隊跟進二者有機的結合，才能取得理想的戰果。所以在終端開發初見成效，鋪貨率達到 60%以上，終端陳列、終端促銷等工作跟進之後，要及時給予終端以廣告宣傳的支援，除了合理的安排廣告投放計劃之外，還要將廣告、宣傳計劃和進度告知終端，讓終端將企業的產品訴求傳播與終端陳列、POP 及店員介紹統一起來，強化傳播的功效。

9. 核心終端鎖定為排他性

要想鞏固已開發的終端，進一步維護重點終端，需要對能夠產生主要效益的重點終端進行特殊政策或特殊方法的鞏固和鎖定。

利用協定加盟或設專櫃等支援，將這部份核心終端鎖定為排他性的終端，有利於廠商核心競爭力的形成和基礎市場的建設，有利於廠商資源和品牌影響力的積累，有利於進一步的擴大市場。

10. 買斷經營

對於一些高贏利的終端、「兵家必爭之地的終端」，來回做拉鋸戰，不如集中資源進行買斷經營，也就是說給予這類特殊終端以利潤支援，只要你全部賣我家產品，並達到一定的陳列、推薦、銷量等要求，我就保證你的年利潤數萬至數百萬元。

例如：某專做餐飲酒水、飲料的經銷商，用每年 500 萬元給予酒店的利潤支援費用，買斷了 10 家較具規模大酒店的全部酒水、飲料。

所有製造商的產品想進這些酒店必須通過它來經營，避免了在惡性競爭中無謂的損失，結果是輕輕鬆鬆做生意，穩穩當當賺大錢。

三、針對終端零售商的促銷方式

(一)價格促銷

在所有促銷方式中，價格促銷是最直接、最有效、消費者最敏感的方式，也最易於實施執行。由於企業採取直接讓利的方式給消費者實實在在的優惠，因而頗受消費者的青睞。特別是在佔有 80%以上的中低消費群體的城市，價格促銷更見其效，且屢試不爽。

價格促銷一般包括分類定價、現場定折扣、延遲折扣、優惠券、融資優惠、貿易價格促銷等形式。然而，無論那種價格促銷活動，都如同玩火，因為它會貶損品牌價值，而且消費者也希望降得越多越好，形成連鎖反應。但是所有的調查都顯示這是消費者喜歡的促銷形式，因此值得行銷者深入研究，運用好價格促銷的技巧。促銷者如果想進行差別分類定價，想透過折扣實現具體的利益，那麼價格促銷可能會很有效，但必須注意，這一技巧只能間歇性地運用。促銷中的一大難點是要找到和價格促銷效果一樣好的價值促銷(至少是效果接近)，並且能提升產品價值而不是貶損產品價值。價格促銷現在仍是一種促銷效果顯著的形式，在貿易和競爭的壓力下常常不可避免。

價格促銷是一把利劍，會用劍的人可以有效攻擊敵人，一擊致命；不會用劍的人不但不能攻擊敵人，反而會傷及自身。因此，價格促銷一出手，不是獲得收益，就是自損利益。其關鍵一是要會用劍，二是要掌握好力度。價格促銷的形式有：

⑴直接折扣

這種促銷方式是指在購買過程中或購買後給予消費者的現金折扣。消費者通常都比較喜歡物美價廉的商品，特別是現場撿到的這種實實在在的便宜，會給 90%以上的消費者強有力的刺激，以至於消費者有 70%甚至更多的購買決定都是在賣場臨時做出的。促銷方式有 4 種形式：

①現場折扣：根據不同的時段，確定不同的優惠折扣度。如全場 8 折優惠、部份商品 5 折起等。折扣通常要和促銷主題相配合，使消費者清楚這是階段性促銷。如「國慶日」大酬賓，凡是 10 月 1～7 日購買的商品都可享受 8 折等。階段性時間的有無也相當關鍵，結果會大不一樣。企業還可以採取在一段時間內逐天遞降的折扣方式，如第一天 9 折，第二天 8 折，第三天 7 折，……依此類推。

②減價優惠：即原價多少，現價多少。減價優惠通常需要 POP 的強力配合，如「原價 100 元，現價 50 元，為您節省 50%」等，再在原價格上打上醒目的叉，以此來吸引消費者；也可以在產品包裝上標上零售價，再用 POP 標籤寫上優惠後的價格，如「僅售 30 元」等。

③統一定價：採用取長補短的方式，定出一個比所有商品零售價格都要低的價格，統一銷售。如「全場牛仔褲無論原價 200 元一件還是 150 元一件的，現全部只售 99 元」！在價格上不給消費者任何選擇的餘地，但在款式、檔次上充分給予顧客選擇的空間。

④現金回饋：為了鼓勵消費者大量購買，企業可以規定，消費者只要購買產品達到規定數量，或是一整套系列產品，就可以憑購買憑證現場獲得一定金額的現金回饋。如「購買一套 8 件套的家庭影院就可以現場獲得 500 元的現金回饋」;「購買一箱牛奶可以獲得 5 元的現

金回贈」等。

⑵變相折扣

變相折扣是指不以現金的方式回饋消費者，而是以各種變相折扣吸引消費者，具體方法可以是買贈，或捆綁銷售，或加量，或回購等，總之是透過變通法則讓利於消費者。

不管採用那種讓利方式，消費者始終是精明的，他們都會精心推算到底有多大的實惠。與現金折扣不同的是，變相折扣具有更大的操作空間，不管是買贈還是加量，都是以產品作為載體實現優惠，商家的成本相對比較低，也更有利於操作。

①多買贈送：例如買二送一、買三送二、買大送小等，消費者花一件商品的價錢可以獲得兩件以上的商品，實質是變相為消費者打折讓利，以此來吸引消費者批量購買。通常來說，接受度高、需求量大的商品運用這種方式效果最好。

②附贈商品：此種促銷形式常見於食品市場。顧客購買不等金額的商品可獲得不同等級的禮品。這種附贈品一般價格都較低，但卻很實用，如衛生紙、盒裝雞蛋、茶杯、碗碟、衣架等。若顧客消費金額大或購買的商品較貴重，便可相應獲得一些價格較好的商品。

③加量不加價：製造商在商品包裝上標註加量不加價優惠細節，如「用 500g 的價格買 800g 的商品」、「本商品 35%產品為免費贈送」等。商品價格不變，而產品的數量增加了，即消費者用同樣的價錢，可以買到更多的產品。因此，為企業帶來更多的消費者，獲得了更大的市場佔有率。

④組合銷售：就是兩件或多件同一產品或不同產品組合在一起讓消費者一次性購買，消費者支付的總價值要比單件購買之和優惠得

多，以此來吸引消費者成套購買。如將口紅、眼線筆、指甲油等全套化妝品包裝在一個盒子裏，如果單件購買需要 200 元，組合成套購買僅需 88 元；或是購買同一品牌的全套產品可以享受 6 折的特別優惠。

⑤回購活動：在耐用商品銷售中，生產企業承諾在購買該商品若干年後，可以用同樣或稍低的價格回購該產品，或者可以以舊換新，這是吸引消費者購買的一種有效手段。在消費者眼中看起來太划算了，其優惠程度甚至令部份消費者難以相信，在商家看來這是一種虧本的買賣。其實不然，其中一部份消費者在若干年後會忘記向企業回售產品，即使另一部份消費者記得回售，但一定程度的通貨膨脹也能夠抵消一部份成本。同時，這種方式可以形成消費者的高忠誠度。實踐證明，參與回購活動的消費者得到好處後還會重覆購買，並可以將這一信息傳播給 20 人以上。

⑶優惠券促銷

優惠券是最古老、最廣泛，也是最有力的促銷方式之一。優惠券通常被看成是減價的替代品，消費者可以免費獲得，憑優惠券購買該商品可以享受一定的優惠。

優惠券一般需要透過各種媒介送到消費者手中，其優惠內容如果能夠引起消費興趣，消費者則會收集保留，會在下次消費時使用；如果優惠幅度較小或不是消費者即時需求的商品，則不能引起消費者的興趣。分發優惠券通常有 8 種方式。

①賣場分發：在商品的賣場分發優惠券。其針對性最強，優惠券的使用率最高。

②登在報紙上：以廣告的形式在覆蓋目標消費群體的報紙上刊登優惠券，消費者剪下報紙即可使用。憑藉報紙的高發行量，報紙優惠

券可以同時起到良好的廣告效果。其可信度高，但浪費比較大。

③登在雜誌上：雜誌優惠券根據雜誌覆蓋的目標消費者，能夠有針對性地送到目標消費者手中。其可信度較低。

④附於包裝上：附於包裝主要是增加老顧客的重覆購買，這種方式能夠給忠實的消費者以回報，對於新用戶效果不太明顯。附於包裝的優惠券一般比普通的優惠券價值大，顧客期望值高，因為它是以購買產品為前提才能獲得的。使用包裝優惠券一般不透過其他管道發放，主要用於給忠實顧客的回饋。

⑤定點送發：不同的產品一定具有不同的目標群，先調查這些目標群體，再有針對性地定點發送優惠券。這種方式針對性強，效果十分明顯，但成本較高。

⑥即買即贈：這種方式同附於包裝一樣，只有購買產品才能獲得優惠券；其優惠券不是附於包裝上，而是由促銷人員贈送。

⑦郵寄：是透過郵政管道贈送優惠券的方式之一。其針對性較強，但成本較高。

⑧夾帶：企業印刷好優惠券，隨同報紙或雜誌一同送達消費者手中，它是利用報紙或雜誌的管道而又不需要支付廣告費用傳送優惠券的方式。其成本低，普及率高，效果好。

(4)退款優惠

為了吸引更多的消費者，刺激消費者重覆購買，培養消費者的忠誠度，如果消費者購買一種或多種商品，企業會給予一定金額的退款。雖然企業所退款項並不多，但這種促銷方式極具效力，它不但對吸引消費者前來試用的效果非常好，而且適用於各行各業，不管是快速消費品、醫藥保健品、美容化妝品還是日常生活用品都能運用自如，而且市場樂此不疲。如果這種方式運用得當，在培養顧客的忠誠度方面具有極其神奇的效果，即使某些季節性極強的商品，消費者也會照常購買。這種方法也許對消費者僅僅只有百分之幾的優惠，卻塑造出了企業體貼消費者、能提供高價值產品的良好形象。它對於那些無特殊賣點、市場同質化現象嚴重、銷售緩慢的滯銷商品有巨大的成效。

退款優惠通常有 4 種方式。

①購買同一品牌的不同產品享受退款優惠：如果一個品牌下有很多產品，企業可以規定集夠幾種產品的標誌就可享受一定金額的退款，以促進同一品牌不同產品的同步銷售。例如某品牌的化妝品，消費者必須集夠口紅、睫毛膏、眼線筆、指甲油等幾種不同產品的標誌物方可享受 10%的退款。消費者為了獲得這種優惠，常常會將這幾種產品一起或分期購買。

企業如果採用這一優惠方式，應首先檢查同一品牌下屬產品是否齊備，幾種產品是否具有極強的關聯性。如果把不相關的、消費者用不著的產品搭配在一起，必將極大地影響退款優惠的效果。同時還必須保證零售賣場內幾種產品的同步性，不能出現一種商品缺貨的現象。

②購買不同品牌不同產品享受退款優惠：這種方式是將不同品牌不同產品合併在一起，消費者只要全部購買這幾種產品，就可以享受退款優惠。不同品牌不同產品之間應具有比較密切的關聯性，是消費者一種行為的不同需求。例如，只要購買某一品牌的速食麵和另一品牌的火腿腸，憑條碼或標誌物就可以獲得 20%的退款優惠。如果把速食麵與洗衣粉搭配在一起，則可能不會起到退款優惠促銷的目的。

③購買單一產品享受退款優惠：消費者不管購買的多少或次數的多少，只要購買單件商品就可以享受退款優惠，多買多退。例如某種早餐麥片每包價值 10 元，消費者購買後只要將標籤上的條碼剪下寄給企業，或到指定地點兌換，就可以獲得 2 元的退款，這種方式和企業在零售賣場直接為消費者打 8 折有著本質的區別和與眾不同的效果。例如，走酒店管道銷售的白酒，為了刺激酒店服務員的推廣，常採用退款優惠的變換形式。酒店服務員在工作時，常常為客人推薦那些具有退款優惠的品牌，服務員只要把酒瓶包裝上的條碼剪下來，拿到企業指定地點就可以兌換到一定金額的現金。

④重覆購買一種產品享受退款優惠：這種優惠不按商品數量計算，消費者必須集夠一組企業規定的標誌方能享受一定金額的退款優惠。例如，一種兒童果奶，每盒內裝有一張生肖刮刮卡，只要集夠 12 生肖，就可以退還單件產品 12 倍的款項。

現在，退款優惠的方式已經發生了很大的變化，特別是這種重覆購買一種產品才能享受到的退款優惠有很多體現形式。一種方式是：集夠規定標誌物即可以兌換另外一種商品(而不是退款)。例如，娃哈哈 AD 鈣奶，每盒內有一張集分卡，集夠數字 1～12 全套積分卡，就可以兌換一套價值幾十元的童裝。另一種方式是：集夠規定標誌即可獲得大獎，如獎金、旅遊或免費看比賽等活動。操作這種方式的企業在投放單一標誌物時可以酌情考慮投放地區。

採用退款優惠促銷方式通常不適宜再使用其他促銷方式，因為退款優惠促銷本來就是利用不同的優惠方式培養顧客的忠誠度，如果再用其他促銷方式來干擾，會適得其反。另外，大量販賣和快速週轉的商品也不適宜採用這種方式。反促銷，退款優惠是最有效的一種手段。尤其是對抗競爭對手折價券或小額折現金等促銷方式時，威力更大。

降價可以促進銷售，但從另一面看，顧客並非純粹從價格方面來看待商品。有些商品長期打折、壓低價格進行促銷，效果並不理想。

人們的消費心理是多方面的，追求高級消費和高級享受的人越來越多。對於同一商品，因為時間和空間的差異，其價格會有所變化。有時，在不同情況下，商品適當提價後，銷量反而大增。這在一定程度上反映出顧客追求高消費的心理。因此經營者決不能只求價格低廉，還應配合使用各類行銷手段來吸引顧客，說服顧客，使其對店員服務、商品品質和檔次感到滿意，這樣才能促進商品銷售。

價格對促銷的影響是多方面的，企業經營者必須根據本身商品的品質、品種、性質及顧客購買力等具體情況制定出最符合本企業利益的促銷策略。

（二）節日促銷

節日促銷是銷售重頭戲，也是發揮促銷功力的關鍵時刻，在一般性促銷的基礎上，需要在促銷管理、促銷執行、促銷回饋上有新的突破。

節日促銷與一般的促銷意義不同，節日根據傳統的影響因素，所以更需注意節日的各種風俗、禮儀、習慣等民族特點。在商家推出的眾多促銷手段當中，要細心挑選與品味節日促銷的含義。在節日促銷的關口，理性促銷與細心促銷成為抓住客戶的關鍵落腳點。

1. 選擇時機，掌握主動

一般而言，節日促銷都有一個預先的計劃，必須在某個節假日來臨前的兩個月就要著手準備。具體從促銷檔期、促銷主題、商品組合、廣告推廣、行銷活動等方面進行詳細安排。

2. 找到促銷的理由

對節日促銷來說，銷量才是硬道理，除此之外，才是收穫品牌形象的提升，或者是起到宣傳的作用。

其實，那些和節日文化相距甚遠的產品，是不適合做節日促銷的，即使做，也必須找到促銷的理由。

在具體的節日促銷活動中，適合促銷的產品應該打什麼牌呢？近幾年，恐怕最耀眼的就要數送禮牌了。由於過年過節送禮是傳統民俗習慣，所以很多產品可以推出禮品裝。節日送禮的民俗決定了禮品的暢銷。

送禮歸送禮，一些節日裏消費較大的日用品也適合在節日做促銷。過年時，消費者喜歡大量採購，儲備年貨，對於這些日用消費品的促銷設計，除了迎合喜慶的節日文化氣氛，還應該考慮到消費者希望經濟實惠的消費心理，設計的活動切不可只重出彩，更應該考慮實實在在的利益。

3. 選擇地點和位置

這個地點包括什麼賣場、什麼位置。企業如果沒有足夠的費用和資源做所有的大賣場，就一定要根據自身的具體實情，在配送、費用、銷售、合作關係等方面做仔細的核算，儘快確定做節日促銷的賣場。確定了節日促銷賣場之後，就要確定促銷區，是採用貨架端頭還是地堆的陳列形式，不同的商品需要擺在不同的地方用不同的陳列方式。

4. 選一個靚麗的促銷主題

由於企業和商家各顯神通，大舉的宣傳，消費者往往被淹沒在各種促銷信息的海洋裏。企業的促銷活動要想跳出來，給消費者耳目一新的感覺，就必須找一個突出的促銷主題。一個好的促銷主題就像是一個動人的「媚眼」，對消費者有極強的吸引力。

節日促銷主題設計有幾個基本要求。

⑴必須要有衝擊力，讓消費者看到後印象深刻。

⑵必須有吸引力或者使消費者產生興趣，例如，很多廠商用懸念主題吸引消費者繼續探究。

⑶主題必須簡短、易記。一些主題長達十幾個字或者更多，這麼繁瑣的主題沒有人願意理會。

5.選擇商品和促銷方式

節假日的特點在於它通常是季節性和主題性的。如春節就是年貨的旺季：端午是棕子、煙酒禮盒的購買高潮；情人節是巧克力、糖果、鮮花的天下等。節假日的促銷必須選擇貼切其特性的商品去做促銷。賣場的節日促銷除了要銷量和利潤之外，還有一個非常重要的特點，就是要凸顯時令和引領消費，這就必須靠適銷有特色的商品來實現。商家要合理運用促銷費用和促銷資源。

6.促銷贈品的選擇和創新

促銷中的關鍵環節就是贈品的選擇，有時候一個贈品選擇的好與壞，直接影響促銷的最終效果。

例如，一家啤酒企業在設計贈品時，一箱禮品裝送 4 個製作精美的酒杯，容量設計相當於普通酒杯的三分之二大小，除了酒杯外觀喜慶的設計配合節日的氣氛外，他們還設計了一行字：「本杯容量恰好，適合幹掉！」這個贈品深受消費者歡迎，啤酒因此而銷量極好。買酒送酒杯事實上具有較好的關聯性，既實用又實惠，是個不錯的贈品選擇。由此可見，對贈品本身的創新挖掘，有時會收到極好的效果。

7.促銷活動的組織與實施

節日促銷的環境嘈雜，人多，因此組織實施更要有力。搞好節日促銷，要事先準備充分，把各種因素考慮到，尤其是終端促銷人員，必須經過培訓指導，否則引起消費者不滿，活動效果將會大打折扣。

（三）贈品促銷

贈品促銷是市場上最為常見的另一種促銷形式，贈品促銷在促進產品銷售過程中起到的積極作用是不言而喻的事實，甚至說促銷贈品的運用對產品銷售成功起到決定性作用。

在終端制勝的行銷時代，贈品促銷在一定程度上可謂濃縮了商戰之精華。然而，隨著促銷的普及，要想使促銷活動博彩出眾、吸引消費者顯得更加困難，再加上各項費用的投入也在競爭效應下水漲船高，使每一個企業都感到了很大的壓力。有聲有色地促銷，固然能夠獲得銷量的增加，而且還可以增加消費者對品牌和店鋪的認知度與美譽度，取得良好的宣傳效果，但是如果運作不好，浪費資金尚在其次，折戟沉沙拖累經營的嚴重後果有時亦在所難免，往往使企業進退兩難。

贈品促銷是指顧客購買商品時，以另外有價物質或服務等方式來直接提高商品價值的促銷活動，其目的是透過直接的利益刺激達到短期內的銷量增加。運用贈品促銷至少可以實現兩個目的，其一是促進產品銷量(短期目的)，其二是提升產品品牌(長遠目的)。贈品能直接給顧客實惠：一是物質實惠，一定面值的貨幣能換取更多的同質商品，消費者自然樂意；二是精神實惠，也就是買後的顧客心理反映，產生愉快的購後美感。這種實惠加深了顧客對該商品的印象，有利於加強商品的競爭力，靈活運用於促銷活動當中能夠產生良好的效果。

1. 贈品促銷的常見形式

⑴即買即送

①包裝外贈送：如防蛀修護牙膏實行「買一送一」活動，買一支牙膏送一小支「茶爽」牙膏。

②包裝內贈送：如化妝品剛進入香港市場的時候，在每盒珍珠霜瓶蓋內附一粒太湖珍珠，顧客買上若干盒後，可以串成一條珍珠項鏈。

⑵憑證兌換

①憑購物憑證。

②產品的瓶蓋。

③包裝商標。

④包裝內的兌換券。

⑶附加條件贈送

①部份付費贈送。

②集點贈送。

③其他條件贈送。

2. 贈品設計的原則

⑴要讓顧客容易獲得

容易獲得才可以激發消費者參與，促銷的「勢」才容易造出來，否則，贈品讓消費者感覺與自己無緣，那企業的贈品只能算是「樣品」。最好讓參與的每一個消費者都能感到可以獲得，「可遇而不可求」是贈品應該迴避的。

⑵與產品有相關性

選擇的贈品和產品有關聯，很容易給消費者帶來對產品最直接的價值感。如果贈品與產品相互依存和配合得當，其效果會更好。

⑶與眾不同

贈品的使用率要高，效果會與眾不同。

⑷重品質，體現商家誠信的宗旨

不要以為「贈」就是「白送」，便可不注重品質。贈品品質不僅是法律條文所規定的，而且也是贈品能否起作用的基礎，甚至影響到企業的生存和發展。因為贈品不僅代表了自身的信譽，而且是商品和企業的信譽與品質的代表。這與主商品和企業存在著一損俱損的唇齒相依的關係。當贈品選取其他企業的產品時，贈品的品質問題還會侵犯「贈品」企業權益，引起法律問題，擾亂正常的市場秩序。

⑸送在明處

有時我們明確地告訴消費者贈品的價格，也有非常效果，即使是便宜的贈品。因為消費者是衝著產品去的，贈品是企業給消費者的一個購買誘因。贈品還可以增加消費者的認同感，讓消費者認為企業對消費者是真誠的，這比透過廣告等別的方式提高消費者對企業的忠誠度要省錢得多。

⑹要有季節性

企業一樣東西一送到底，將消費者不同季節的需求丟到一邊，這樣的錯千萬不要犯，因為消費者對贈品的要求也是有季節性的。

⑺給贈品設計一個新穎的名稱

一個好的贈品名字會激發消費者美好的聯想，這種聯想不但可以對促銷起到好效果，而且可以在促銷之後很長遠的銷售中，因為美好的印象而有延續性。給贈品起個吸引人的名字，可以加快商品的流通，也增加了品牌的附加價值。

好的命名勝過好的宣傳，對銷售相當有利。千萬不要讓企業贈品的名字搶了產品的風頭。

⑻在贈品中體現企業的信息

很多企業一方面為自己的品牌傳播苦惱，而另一方面又老是忽略贈品這個載體。在企業的贈品上印上企業或店鋪標識，設計可愛的電話號碼都是很容易就能做到的事情。讓消費者每次用贈品時，都會想到企業或店鋪。

3.贈品促銷操作八要點

⑴先聲奪人，準確發佈廣告信息

進行贈品促銷之前，廣告宣傳是頭等大事。如果把贈品促銷活動比作是一場戰爭，那麼，未雨綢繆的廣告宣傳就是「逢山開路，遇水搭橋」的先鋒部隊。廣告宣傳的策劃必須符合本次贈品促銷的目標消費群體的地域劃分、人口分佈、購買習慣、購買地點、興趣偏好等相關因素的相應特徵，從而有的放矢地發佈促銷消息。

⑵引人入勝，突出贈品的獨特賣點

送贈品的目的當然是要透過贈品吸引消費者購買企業或零售店的產品。因此，這裏就給我們提出了一個問題，用什麼來吸引消費者呢？所以我們必須要給贈品取一個與產品的獨特賣點相關聯的響亮名字。要想給企業的贈品取個好名字，就必須首先搞明白促銷的目標消費群體喜歡什麼，對什麼比較敏感，最近有那些熱點使他們關注或感興趣。然後將這些元素與銷售產品本身的核心利益相結合。

⑶理性為先，凸顯促銷贈品價值

在透過贈品吸引消費者前來光顧促銷的店鋪購買的策劃中，商品本身為消費者提供的利益已經不再是唯一的誘惑點了。在市場的廣闊天地裏，同規格、同功效、品質相近的同類產品擠在一起時，消費者有很大的選擇空間。在這時，凸顯企業的贈品價值就十分有必要了。

⑷情感助陣，適當炒作贈品價值

在消費品促銷活動中，贈品的價值一般都不會太大，那就看企業怎樣炒作宣傳了。炒作價值和誇大價值有一定的區別。誇大價值是直白地告訴消費者這件贈品價值多少錢，過分地誇大令人難以信任，而適當的炒作贈品價值則需要從贈品的使用利益與情感利益等方面進行宣傳。

⑸強化概念，贈品是附加值的體現

進行贈品促銷時，一些企業往往把概念顛倒過來，或者說概念沒有完全弄明白。他們在宣傳口徑上常常這樣說：只要您購買了多少價值的產品您就能獲得什麼樣的贈品。這樣往往給消費者一種他支付的價格裏面就包括了贈品價格的印象。其實，換一種口徑來宣傳效果會更好。例如，「我們這次促銷的價格在同類產品裏是很優惠的，您今天購買產品能夠得到實實在在的優惠，而且，為了感謝您的光顧，我們還將免費贈送 XX。」

為什麼這樣效果好呢？因為它強調了「免費」這兩個字，在感覺上，「買了才能送」變成了後者的「不但買得實惠，而且還有贈品送」。

可以看出雖然前後二者的本來意思差不多，但是效果卻有天壤之別。

⑹借力打力，依靠外部現身說法

在贈品促銷活動中，僅僅依靠促銷執行人員王婆賣瓜式的推銷，宣傳企業的贈品如何好、如何有價值還是不夠的。在這時，一些企業往往會利用產品代言人或者臨時聘請的明星主持人等在公眾中有一定影響力的人進行宣傳。事實證明，這種方式的效果比較好，雖然這樣做的成本要比一般性的宣傳高，但是其所產生的影響卻更大，特別適用於大規模贈品促銷活動。而且透過這種方法宣傳的贈品具有較長時間的生命週期，不至於產生準備的贈品做完一次活動後就沒用了的現象。

⑺集中擺放，注重贈品陳列和展示

對於贈品與產品關聯性的強調，除了透過現場的節目、遊戲等方式操作之外，贈品展示也是行之有效的好方法。

⑻欲擒故縱，設置懸念造成緊張感

在依靠贈品促銷的活動中，這種手法也是經常使用的。例如，在廣告中告知消費者「本活動自今日起至 XX 月 XX 日為止，贈品數量有限，送完即止」。以此達到催促消費者儘快購買的目的。所以，在經過對贈品和活動本身的宣傳後，在贈品對目標消費群體具有了一定吸引力後，採用限量贈送的方法時，特別在促銷現場，企業儘量不要讓消費者看到贈品過多堆積的場面，在兌換點和舞台上僅適當擺放少量的贈品就行了。舞台旁邊或者兌換點角落等地方適當地擺放一些盛裝贈品的空箱子，對於一些消費者十分喜歡的贈品則應擺放更少。

（四）有獎促銷

有獎促銷是一種具有獨特魅力的促銷方式，深受消費者和商家的歡迎和喜愛。它的魅力在於消費者不參與消費或只參與少量消費就可以獲得博彩的機會，也許中獎率較低，但寄予了一種希望，消費者會抱著一種大獎捨我其誰的心態，不斷在設想著贏得那些預設大獎的場景，從而採取購買行動。

1. 有獎促銷的特點

有獎促銷與價格促銷不同，價格促銷方式是給每位參與者實實在在的優惠，前提是參與購買才能得到實惠。而有獎促銷不參與消費也有機會得獎，雖然不能保證得獎，但只要得獎，其優惠程度要比只要參與就能拿獎的促銷優惠大得多，因而也具有很強的吸引力；其促銷成本在事先可以控制，不隨參與人數的多少而變化；另外，由於參與的門檻比較低，所以能吸引大量的消費者，對在人氣中找到商機提供了足夠的可能。

有獎促銷只要不是惡意欺騙消費者的行為，通常都比較容易操作成功，要特別注意，觸犯法律或使消費者失去信任不但會使銷售受到極大的影響，還會降低品牌的可信度。

有獎促銷是企業或商家根據自身的銷售現狀、商品性能、節假日長短、消費者狀況，透過給予獎勵來刺激消費者的購買慾望，促使其購買商品，進而達到提高銷量、增進效益的目的。

⑴有獎促銷對消費者的刺激較大，容易提升企業或商家的銷售額。

以獎金形式刺激消費者，使消費者在購買商品的同時有一種得到意外收穫的感覺。

⑵以獎勵的形式刺激消費者，由於獎勵的形式多樣化，獎品品種的豐富化，都使消費者有直接、具體的感受。

⑶以抽獎、競賽等形式獎勵消費者，會提高消費者的忠誠度。

2.有獎促銷的方式

⑴免費抽獎

免費抽獎就是免費為消費者提供抽取大獎的機會，消費者無需購買任何產品，也不需要任何參與條件，獲獎者完全是隨機產生的。這樣就能刺激幾乎所有人的神經，對於提高消費者對產品和品牌的認知度和參與度有明顯的作用。如果和其他促銷方式有機結合，能迅速為產品打開銷路，實現品牌知名度、美譽度的快速提升。

免費抽獎是所有促銷方式中最能聚集人氣、最能創造轟動效應的方式。有人氣才有商氣，有了商氣才會有商機，免費抽獎不是單純為抽獎而抽獎，也不僅是聚聚人氣、調節一下氣氛，而是要利用人氣達到有效銷售和宣傳的效應。因此，聚集人氣只是第一步，與其他促銷方式的配合使用顯得尤為重要。

就免費抽獎本身來講，它又是最便於管理的促銷方式。由於獎品總額固定，便於消費者參與，並能巧妙地鼓勵購買。同時，免費抽獎可以和多種促銷手段、行銷手法相結合，具有很大的創新空間，如果根據不同的促銷目標，選擇最合適的免費抽獎方式，將會形成一種將人氣順利轉化為銷售的良性循環。

免費抽獎操作通常有以下三種方法。

①號碼公開法：給參與者每人發放一張帶有公開號碼的卡片，約定在規定時間內開獎，隨機開出的中獎號碼公佈後，由參與者自行查看自己的號碼是否中獎。

可以把卡片做成會員卡，凡參與抽獎的人自動加入會員，也可以把卡片做成優惠券，使兩種促銷方式結合使用，即使沒有抽到大獎的消費者也可以憑優惠券享受到購物優惠。當然，在卡片上做上醒目的廣告會更好。

②個人信息法：給抽獎者發放一張卡片，參與者只要在卡片上填上自己的個人姓名、位址、電話或是調查信息，放在指定的抽獎箱裏就行了。在開獎時，從箱子裏任意抽出一定數量的中獎者。如果做商務活動，可以讓參與者直接投遞名片。

③號碼隱藏法：先公佈中獎號碼（或圖案），然後給參與者發放帶有塗蓋層的卡片，參與者刮開塗蓋層核對即知是否中獎，也可以直接在塗蓋層下面寫上獎品名稱或大小。這種方式也被人們稱之為刮刮卡。

免費抽獎可能根據促銷目的不同、促銷產品不同、促銷對象不同而非常複雜，在實際操作中，要充分把握時機，合理安排。另外，要注意活動的公證性，不要欺騙參與者，還要考慮法律的約束。

⑵即時開獎

所謂即時開獎，指消費者拿到開獎憑證後，馬上就可以知道自己是否中獎，刮刮卡實則就屬即時開獎的一種。

這裏所要論述的是基於產品的即時開獎，它不同免費抽獎，每個參與者都有機會抽獎，參與者只有購買到產品後才有抽獎的機會，因為中獎內容設計在商品包裝裏，只有購買並開啟包裝才能知道是否中獎。例如，設計在飲料瓶蓋或易開罐裏面的抽獎，消費者購買到產品後，打開瓶蓋就可以知道是否中獎。

成本相對較低、消費量大、同質化嚴重的商品最適合於做即時開獎促銷活動。在這種活動中通常要設一項以上大獎、20%以上小獎，大獎雖少卻能使消費者受到中獎機會的吸引，從而影響他們的購買決定；較大比例的小獎使消費者不會因為未中大獎而對購買行為產生失望的心態。

為了更加有效地吸引消費者、鼓勵其購買自己品牌產品，在促銷活動前應做好廣告攻勢的配合。一是媒體廣告，二是產品包裝廣告，如果有事件行銷的配合，效果將達到最佳。

實踐證明，每運用一種即時開獎的促銷方式後，消費者的回應率將會逐漸下降，如果想長期運用這種方式，就必須不斷推出新的開獎方式，只有不斷改變其促銷活動的形式，以強烈的新鮮感刺激消費者，才能充分刺激消費者的思維。如果能成功運用事件行銷造勢，消費者在第一次活動結束後將急切盼望第二次活動的開展。

在所有抽獎活動中，必須重點考慮其安全性、公證性、中獎號碼分佈的合理性。在具體的操作過程中，必須要注意以下三點：

①一等獎不要在促銷活動開始不久就產生出來，也不要在活動快要結束的時候還沒有產生。

②建議大獎至少設兩三個。

③小獎金額不必過大，但數量必須要多。

⑶競賽活動

競賽活動是培養新用戶、鞏固老用戶的一種有獎促銷方式，參與者必須透過技巧、思維、判斷力在競賽中獲勝才能得獎。競賽活動也是品牌與消費者對話的有效方式，是樹立品牌、加強品牌與消費者之間溝通的良好方式。

競賽的參與率通常都比較低，據統計，一般性競賽活動有 0.5% 的參與者就算相當高了。但競賽活動本身的影響力能使消費者對促銷產生興趣，同時也使品牌在消費者心目中活躍起來。即使購買產品的消費者不參與競賽活動，但仍能有效地提高他們對產品的認知、興趣，增強產品衝擊力。競賽活動影響的人數要遠遠多於最終參加競賽的人數，吸引這些人的注意屬於有效的促銷目標，只有注意力上來了，才會有機會進一步抓住他們，就好像是先有人氣才會有商氣一樣。

競賽活動通常有以下三種方式。

①知識型競賽：如行業知識競賽、產品知識競賽、品牌知識競賽和企業信息知識競賽等。主要目的在於培養消費者對行業、品牌、產品以及企業的認知，具體方式如：試卷型判斷、填空或問答，市場調查內容，補充句子，找不同之處等。知識型競賽的試題都比較客觀，一般都有標準答案，在企業的相關資料中都非常容易找到答案，且最容易解釋，也最容易評判成績，參與者通常只需認真閱讀企業相關信息就可以完全做出正確的回答。企業在參與者回答的過程中獲得了宣傳與普及的效果。這種方式常常和抽獎配合運用，如凡回答正確的都有一件禮物，再在回答正確的參與者中抽出特等獎、一等獎等方式。

②技能型競賽：這是透過一些專業人士所具備的技能而舉辦的競賽活動。這類活動一般都會有場面，透過場面吸引顧客、引導消費。如調料產品舉辦口味品鑑競賽；洗衣粉可以舉辦洗衣比賽，比賽誰洗得乾淨；啤酒可以舉行喝啤酒大賽；歌舞廳可展卡拉 OK 大賽等。

③思維型競賽：參與者如果參與此類競賽活動，需要充分激發思維的靈活性、創意性，運用自己的智慧獲得獎品或禮物。如徵文比賽、廣告語徵集、消費感受徵集、點子大賽、創意大比拼等。這種方式通常有兩個目的：第一是向消費者借腦，在行業中或消費群中隱藏著大量對企業品牌發展和產品銷售大有幫助的高人，利用重金向他們借出的點子通常對企業大有幫助；第二是產生類似於事件行銷的轟動效

應，廣泛引起社會的關注。

所有的競賽僅僅只是一種形式，把獎品送給那些表現突出的參與者，目的是吸引消費者，引起人們對品牌、產品、促銷活動的注意。競賽不是能力考驗，所以提出的問題必須要清楚簡單，易於回答，否則消費者將因為害怕答錯而不願參與。同時還需做得快樂有趣，讓目標群體從中獲得快樂。兒童永遠對競賽活動充滿好奇心和參與的積極性，如果企業從事的是與兒童有關的產業，不妨多用用這種手段。獎品不能使用現金，通常都是以該品牌產品或優惠券作為獎品。

⑷遊戲活動

大多數人都喜歡玩，特別是場面熱鬧的玩法，如果製造各種各樣的遊戲活動來帶動氣氛，使消費者除了購物外，還能獲得極大的樂趣與滿足。把促銷的內容有機地融進遊戲活動中，就能在不知不覺中達到促進當前銷售、滲透品牌意識的目的。

遊戲活動的內容廣泛，形式多樣，可以舉辦競猜遊戲、棋牌遊戲，也可以是拼圖、猜謎遊戲；可以是任何人都免費參與，也可以要求以購買產品為前提；可以在終端集中進行，也可以在包裝上想辦法；可以在廣告中進行，也可以是單獨的卡片。不管那種形式的遊戲，都是以獎品為誘因，以興趣為基礎，以促銷為目的的。

進行遊戲促銷活動必須注意四方面。

①遊戲主題：要設計出一個有創意、簡單、極具吸引力的主題，其內容不但要具備趣味性，能夠吸引消費者的注意力，而且要將產品或品牌內容巧妙地融入其中。如果能具備一定的新聞性則更好。

②參與條件：參與門檻設置得越低越好，零售終端遊戲活動最好不要限制參與條件，以集聚人氣、尋求商機為目的，製造商以產品為

載體的遊戲活動可以配合優惠券一起進行。

③獎品設置：消費者參與的誘因歸根結底還在於獎品上，獎品的設置同樣是以大獎吸引人、以多數小獎平衡其心。一般不用現金作為獎品，大獎可以是小汽車或出國旅遊，中獎一般為產品，小獎一般為紀念品。同時，獎品設置要不忘品牌傳播。

④遊戲一般和免費抽獎、即時開獎、競賽等活動一起操作，使促銷活動更有趣、更有看點，消費者更喜歡參與。同時也可以把優惠券等促銷方式融合在一起操作。

（五）聯合促銷

聯合促銷，是指一家或兩家以上的工商企業在市場資源分享、互惠互利的基礎上，共同運用某一種或幾種手段開展促銷活動，以達到在競爭激烈的市場環境中優勢互補、調解衝突、降低消耗的目的。這種利用銷售資源為企業贏得更高利益而設計的新的促銷模式，在人們的創造性拓展中實現並極具吸引力。聯合促銷只要運用得當，，不但對雙方都有利，還可獲得單獨促銷無法達到的效果。聯合促銷一般需具備了如下條件。

- 擁有相同或相近的目標市場。
- 有關成員間有良好合作意願。
- 在促銷方式、手段、策略選擇上相互包容。
- 各方都認為這既是一個不傷及既得利益又能贏得新的市場機會的發展機遇。

1. 生產商與經銷商之間的聯合促銷

生產商與經銷商之間的聯合這種方式在現實中比比皆是。例如，

2012 年三家百貨公司聯合推出冷氣機熱賣活動，由集團具體實施，集團提供大部份促銷經費和促銷工具，雙方共同確定並管理促銷過程。這種促銷利用了產銷雙方固有的互利關係，在促銷環節上很容易達成共識，聯合採取行動。由於各方緊密的縱向相互依賴、相互支持關係，使得聯合促銷目標、聯合促銷方案、聯合促銷計劃等更容易協調一致，因此，成為一種非常普遍的聯合促銷模式。

再如對全場商品 8 折促銷，其中廠家承擔 10%的降價損失，商家承擔 10%的降價損失，商品打 8 折後雙方都有錢可賺。這種廠、商之間的合作促銷，不但效果好，而且流通環節少、資金回籠快，產、銷雙方都樂於接受。

2.聯合促銷的操作原則

(1)互惠互利原則

互惠互利是聯合促銷最基本的原則，只有合作各方都能得到好處，聯合促銷才能順利進行。合作雙方是否能夠達成各自的預期目標，是否能夠在與對方的合作中享有一些特定利益，取得雙贏的結局，這是聯合促銷的基本條件。為此，聯合開展促銷活動的各方，必須做到：

①採取切實的行動，幫助對方解決疑難問題，而不是相互傾軋。

②各方承擔的費用比率，無論是按產品項目、成交數額，還是按企業規模、實力和獲利的多少來分配，都不應追求絕對的公平、公正、合理，而應堅持整體滿意。

③各方應該把關注的焦點放在利益上而不是立場上。

例如，2015 年 10 月、11 月，桂格麥片公司為其營養麥片在超市推出超值裝(買 600 克送 150 克)，消費者還可以得到超市 65 元面值的折價券 1 張。這一活動不但促銷了桂格麥片，也促銷了超市的其他商品，雙方都能得到好處，自然會齊心協力。

⑵各方目標市場相同或相近原則

聯合各方要有基本一致的目標消費群體，才容易收到理想效果。採用聯合促銷策略的各方往往要對行銷成本的投入與效益的取得進行理性的、謹慎的比較分析，由此得出某項聯合促銷行動是否有利於自己、有利於對方，是否能夠找到共同的利益基礎。

①要從合作雙方的目標消費群體著眼，在消費習慣、年齡特徵、地理區位、文化層次等市場細分變數上應具有某種程度上的一致性。

②合作各方的目標市場若相近，則其重疊程度越高，聯合促銷成功的可能性就越大，如果過低的話，則不會引起各方的興趣。

例如「美寶蓮」潤唇膏的折價券，是透過「博士倫」隱形眼鏡向其會員寄發的通訊冊中發送的。這種聯合促銷之所以可行，是因為這兩種產品有共同的目標消費群體，都是年輕女性。「嘉龍」牌食用油和「家樂」牌調味粉聯合促銷的內容是：消費者買一桶油和一組調味粉，就可以減價 3.5 元。這兩種產品的目標消費群體一致，銷售通道一致，甚至可以放在一個貨架上推廣，因此效果比較好。

⑶聯合各方優勢互補原則

2000 年，可口可樂與大家寶薯片共同舉辦了「絕妙搭配好滋味」促銷活動。可口可樂是微甜的軟飲料，大家寶是微鹹的休閒食品，這種搭配可以在口感上相互調劑，甜咸適宜，這就是雙方聯合的基礎。也就是說，產品間、企業間的優勢互補，也是聯合促銷的一個基本原則。

⑷聯合各方形象一致原則

選擇聯合促銷的合作者一定要考慮市場形象一致性的問題。企業擁有一個受目標市場歡迎的市場形象是企業最為重要的戰略資源之一。企業樹立自己的市場形象並不容易，選擇合作夥伴不當，有可能損害甚至破壞自己的市場形象，得不償失。有的企業定位於高級商品市場，有的企業定位於低檔商品市場，這樣的聯合就有可能損害自己的形象。特別是與一個品牌形象不佳的企業合作促銷，就有可能破壞自己的企業形象和品牌形象。因此在聯合廣告、聯合營業推廣、聯合公共關係等促銷活動中要認真遴選合作夥伴，甯缺勿濫，並確立由於某方過錯造成對另一方的損害時的評價、補償機制。

⑸誠實守信原則

聯合促銷要求活動的時間、地點、內容等方面的統一。由於各成員企業的差異性或彼此競爭關係的不可避免性，導致任何一個聯合促銷活動都不可能使參與各方享有相同的利益回報，有時還會出現一方使用策略拆佔另一方的台子而搭建自己巢穴的現象。所以在開展聯合促銷的過程中要履行如下規程：

①建立一種友好磋商，誠懇相待的談判機制。

②訂立盡可能完善的合作協議(合約)。

③確立違約制裁和糾紛調解機制。

⑹強強聯合的原則

聯合促銷最好是知名企業、知名品牌之間的強強聯合。如果是強弱聯合或弱弱聯合，有可能起到相反的作用。例如，1998 年，柯達膠捲與可口可樂推出了「巨星聯手、精彩連環送」的促銷活動；消費者購買 6 罐裝的可口可樂，可獲贈 1 張「免費享受沖 1 捲膠捲」的優惠卡；反過來，消費者「在柯達快速彩色連鎖店沖印整捲膠捲，即可送可口可樂一罐」。這一活動雙方都是名牌企業、名牌產品，當然對消費者有著巨大的吸引力。

3. 聯合促銷活動注意事項

⑴要簽訂完善的合約

簽訂完善的聯合促銷協議書或合約書，是聯合促銷成功最基本的前提。

⑵注意促銷價位較低的商品

像可口可樂與大家寶薯片的「絕妙搭配好滋味」促銷活動，風靡了 2013 年整個夏季。對於商品房、轎車等高級商品，人們的購買行為極其謹慎，簡單的捆綁銷售效果一般不理想。

例如在「2014 年秋季房地產展示交易會」上，一汽-大眾捷達推出了「給新家安個車輪——『車+房』分期消費新生活」活動，結果是看的多，買的少，並沒有真正推動轎車和商品房的銷售。

⑶聯合促銷成敗的關鍵是選準合作對象

如果有一方的產品不能被消費者接受，就會影響其他各方產品的銷售；只要有一方企業形象或品牌形象不佳，就會影響其他各方的企業形象或品牌形象：促銷中如果有一方玩「貓膩」，就會破壞整體促銷效果。

⑷利益的調節

聯合促銷中做到利害關係完全均等比較難，能否調節好各方合作關係，也是決定成敗的一個關鍵。

聯合促銷的出現及廣泛應用使企業在促銷策略選擇上擁有了更大的空間，也使原本充滿激烈競爭的市場行銷領域平添了一些情感化的合作氣氛。

四、獎勵零售商對促銷活動的配合

「力波」啤酒舉辦的活動是針對消費者的「集點換物」式促銷。消費者所購買的每瓶「力波」啤酒的瓶蓋內墊中均印有不同的點數記號，累積這些點數可換得不同禮品，如 1 點可換力波啤酒 1 瓶，2 點可換洗衣粉 1 袋等，消費者可直接到就近的零售商店兌換。

「力波」啤酒希望此活動能得到零售商的支援和幫助，需要零售商向消費者推介本次促銷活動。當消費者前來兌換獎品時，零售商需先墊出一些「力波」啤酒和洗衣粉，並保留好回收的瓶墊。零售商憑這些瓶墊向批發商兌回所墊出的啤酒或洗衣粉，批發商再集中向企業結算。

在這一活動中，零售商不僅要收集大量的瓶墊，而且還要承擔瓶墊遺失的風險，如果企業不對零售商的促銷配合給予獎勵，那麼零售商就會抵制這次促銷活動。

有的企業以為，只要消費者前來購買，零售商就不得不賣，因而將主要精力投放到針對消費者的品牌宣傳工作上，而對零售商的管理則相對薄弱，忽視了促銷活動中零售商所起的配合作用。

企業針對消費者的促銷活動如果沒有零售商的配合是很難落實的。零售商不一定非要配合那家企業，如果其他企業給的利益更多，可能會配合其他企業。

此外，零售店的總銷量是相對穩定的，如果某些產品賣得多了，那麼其他產品就肯定賣得少了，在此產品的利潤跟其他產品相同的情況下，對零售商總利潤的增加並沒有十分明顯的幫助，所以，零售商往往不願意花費精力來配合針對消費者的促銷活動。

有的促銷活動因為企業策劃時考慮不週而使零售商不願積極配合，從而使促銷效果大打折扣。當零售商認為他所能得到的好處不足以補償其投入時，就不太願意配合，從而導致活動受阻。

洛克啤酒對消費者開展「獎一瓶」的促銷活動，消費者憑中獎瓶蓋可兌換啤酒一瓶。該活動需要零售商的積極配合，即需要零售商向消費者把瓶蓋兌換為啤酒，該公司對零售商進行了獎勵，即零售商憑 24 個瓶蓋(即一箱)可獲得洗衣粉一袋，此舉激發了零售商的積極性，取得了很好的效果。

某知名麥片針對消費者做以包裝袋換贈品的促銷。該公司對零售商實行現金獎勵，即每兌換一個包裝袋給其 0.30 元的獎勵，因此零售商的積極性都比較高，該活動也取得了成功。

企業要想讓零售商積極配合針對消費者的促銷活動，就必須讓零售商得到某種好處。如果只對消費者促銷，而零售商沒有足夠的回報，則零售商的積極性就會大大降低。

企業給配合促銷活動的零售商的好處通常有兩種，一種是使其直接獲益，另一種是使其間接獲益。

企業在零售終端開展針對消費者的促銷活動時，直接給零售商某種好處。例如支付現金、贈送產品、贈送禮品等。

在零售終端開展針對消費者的促銷活動時，可帶來人流量的增加、其他產品銷售額的提升等。例如，企業對消費者的獎勵項目是用於消費者在本零售店的消費，此時，那怕企業不對零售商進行額外獎勵，零售商也會支援該活動。消費者在零售店購買產品後，可獲得特製禮券，此券可在該零售店內消費購物，零售商彙集禮券再向企業兌現，而零售商由此增加的營業額即是企業使其間接獲益的結果。

五、賣場的現場演示

「耳聽為虛，眼見為實」，只有讓顧客親眼目睹，才能使他們信服。現場演示的促銷方法透過實實在在的現場產品演示和與顧客有效的互動溝通，有利於使顧客迅速瞭解產品的特點和性能，使顧客有一個比較全面的感性認識。

為了讓消費者親自感覺到直飲機的神奇功能，銷售人員策劃了一個集文藝演出、產品展示、品牌解答、飲水體驗、專家解惑於一體的「好水，喝出健康來」系列主題推廣活動。

在市民的親眼目睹之下，銷售人員將農藥、墨水和受污染的湖水等無法飲用的污染水倒進水箱，經過鳳凰直飲機的處理後，當時便打開水龍頭放出淨水，在示範人員當眾喝下後還請消費者親身體驗，上百位消費者勇敢地喝了一杯水，並告訴大家「味道真好！」

各大媒體也聞訊而來。紛紛作了現場報導，媒體公佈，直飲機頓時聲譽鵲起。

現場演示對推廣介紹新產品有特殊作用。新產品如果只是簡單地陳列在超市、商場裏，顧客並不認識和瞭解它，當然就談不上購買了。有道是「百聞不如一見」，現場演示能將產品的優勢或特點生動直觀地告訴顧客，使顧客一目了然。現場演示也是人員推廣的一部份。透過陳列新產品樣品和演示新產品，可促使新產品信息廣泛傳播，吸引顧客，因此該促銷法兼具促銷與廣告功能。如食品類產品的現場演示，可以在超市等賣場舉辦食品烹調、食用示範等活動，如免費品嘗、附帶贈品的示範銷售等，花樣很多。

現場演示能形象地介紹商品、有助於彌補語言對某些商品、特別是技術複雜的商品不能完全講解清楚的缺陷，使顧客從視覺、嗅覺、味覺、聽覺、觸覺等感覺途徑形象地接受商品，起到口頭語言介紹所起不到的作用。

現場演示在售點、商業展覽會、人員推銷、電視廣告中運用極廣，採用現場演示的產品種類也越來越多，如蒸汽熨斗、食品加工機、各種清潔工具、保健品和食品等。就總體而言，適合用現場演示促銷的商品通常有以下幾種：

1. 有獨特賣點的產品

如果促銷商品與市場已有的同類商品相比沒有什麼新的、更為優越的性能或功效，一般就不要做現場演示，因為即使做了演示，也不能激起顧客的購買慾望。

現場演示的產品與競爭品牌相比必須具有新的、更加優越和獨特的賣點，而且產品的品質和功能可以強有力地支撐這一賣點，那麼透過現場演示迅速地讓產品的特點表現出來，才能有力地打擊競爭對手。

在商場，一種不用洗衣粉的洗衣機前聚集了許多顧客，銷售人員正在做現場演示。只見銷售人員在一塊布料上倒上醬油，待上一會兒，然後把它放到洗衣機裏，經過洗滌，布料光潔如新。圍觀的顧客發出一陣唏噓聲，有的讚歎，有的則表示不相信。據銷售人員介紹，這種洗衣機的主要工作原理是：洗衣機裏有一個活性氧發生器，當自來水經進水閥進入活性發生器時，活性氧發生器產生的活性氧即溶於水，從而改變水的性能。活性氧可以氧化分解衣物上的金屬氧化物、碳、油脂類有機物及一些殘存的化學物等污垢，從而達到洗淨衣物的效果。同時，活性氧超強的氧化力還能破壞細菌的細胞膜將細菌殺死。

2.演示效果非常明顯的產品

演示效果立竿見影才能促使顧客購買，如果演示後效果不明顯，或要過一段時間才能看到效果，就不適於運用現場演示促銷方法。如現在許多大商場都在銷售一種擦玻璃器，推銷員輕鬆自如的演示能讓人們相信，這種產品擦玻璃確實很實用。

某地有一家銷售手錶的商店，為了顯示手錶的防水功能，他們把手錶浸泡在魚缸中展銷。某顧客選中一隻手錶後，當場試驗，把手錶投入魚缸內浸泡 15 分鐘後撈出，走時依然正常。圍觀的顧客連聲稱讚，不少人當場購買。有的人甚至指定要購買泡在水裏十幾天、甚至幾十天的手錶。據估計，採用這種促銷辦法後，手錶的銷量每天比過去增加了 6 倍左右。

六、廠商在零售店的現場促銷方法

終端 SP 推廣是刺激和激勵成交的手段，它包括直接對銷售者、經銷商和對銷售人員的三種形式：

媒體廣告，電視、報紙之類的傳播，能給消費者造成長期記憶，而店頭廣告則在短期記憶上引起消費者的注意，刺激其購買欲。換句話說，電視、報紙等媒體的廣告將商品的印象深入消費者的長期記憶中，店頭行銷則是打開長期記憶的導火索，一點就燃。

1.「再來一瓶」促銷法

茶飲料熱興之時，飲料廠家都推出茶飲料，競爭異常激烈，某飲料廠商率先推出了「再來一瓶」促銷法。最初針對主打區域重點投放，逐步減少，最高時中獎比例達到70%，消費者購買開蓋即飲時，瓶蓋上印有「再來一瓶」，就可當場兌現。這一促銷法在不少地區掀起了熱潮，使得該廠高歌猛進，所向披靡。

2.尋寶活動

在過節期間，企業事先與有關管理部門聯繫好，將企業的產品隱藏在公園的某幾個角落，並貼出告示，聲稱公園中有「寶」，遊客可以到公園的各個角落尋找，誰能找到「寶物」就歸誰所有。除此之外，找到「寶物」的人還有可能獲得大獎。結果大批遊客積極加入尋寶行列。在尋寶過程中，企業的形象和產品也借此聲名遠播。在這方面，有許多產生轟動效應的成功案例。

某樂園在開業期間，推出「萬人尋寶」的促銷活動。在開業促銷期間，凡進入遊樂園的遊客就有機會參加萬人尋寶活動，並且尋到者還有機會獲得百萬大獎。這種促銷方式在當時引起轟動的效應，開業當日擠滿了遊客。與此同時，樂園也在消費者心中樹立了良好的形象。

3.「瞬間催眠術」促銷法

麥當勞漢堡店的店頭行銷秘法，是使用「瞬間催眠術」。前來麥當勞漢堡店的顧客，最喜歡聽女服務生輕聲細語地說一聲「謝謝您」，即使再傲慢的人也會感覺飄飄然。所謂「催眠狀態」，就是指失去判斷力，聽見他人命令也不會反抗。顧客進入三秒的瞬間催眠狀態時，女服務生趁機就顧客:「您要不要可樂？」不知不覺當中，顧客會脫口而出:「好！」這樣一來，顧客不但買了漢堡，也買了飲料。

4.香味促銷法

世界名酒茅臺就是使用「香味促銷法」最成功的案例。

1951 年，它能夠一舉征服世界各國酒界名流而取得巴拿馬萬國展覽會金獎，除了它非凡的內在質量之外，最重要的是得益於其香味促銷。當時展覽會即將結束，茅臺酒因簡單的包裝和陳列並未能引起人們的注意。茅臺酒的參展人員靈機一動,「一不小心」把一瓶酒打翻了，四溢的酒香把現場的人都驚呆了，……之後在歷屆國際大賽中，它 14 次榮獲金獎，成為舉世公認的頂級名酒，延續了經久不衰的百年傳奇。

當你步入商場，一陣香氣撲鼻而來，定能引起你對產品的好感和關注。

5.「點石成金」促銷法

新品上市第一輪沒有攻下市場，時隔數月，當你準備發起第二輪衝擊時，第一批貨已將過期，終端也有抵觸情緒。某公司在市場採取巧妙的「點石成金」的促銷法，又稱「人肉炸彈」促銷法：將舊產品全部收回後，作為「人肉炸彈」將各種促銷政策跟進後，以最優的價打車站等熱點旺鋪。一時間成了購買的熱銷品，真是「點石成金，化糟粕為玉帛」。

6.「超極限」促銷法

一般來說，企業進行促銷的促銷品價格應低於產品的價格。

但是在「超極限」促銷法的運用中，作為促銷的物品違反了常規。例如在促銷期間承諾：顧客每買一箱本企業的水，可以拿到一張兌獎票，最高獎品是一顆價值 5000 元的鑽石，而且中獎率特別高，鑽石的誘惑力極大地刺激了消費者參與的興趣。

7.「逆反促銷」

所謂逆反促銷是指利用消費者的逆反心理進行一些促銷活動。逆反心理是指個體受到客觀外界物的刺激，在特定條件下產生與主觀願望相反的感覺，從而引起的反向心理運動，這是人類較普遍的一種現象，具有強烈的主觀色彩。正確運用消費者的逆反心理，可以在促銷活動中出奇制勝，而且花費不多，便可使企業在市場上佔有一席之地。

泰國首都曼谷有家小店，門前斜擺著一隻巨型酒桶，上面寫著「不可偷看」四個大字，而其裏面卻寫著「我店美酒與衆不同，請享用」這家小店正是利用了人們「你不讓我看，我偏要看」的逆反心理，從而，成功地吸引了消費者到該店享用食品，假如它用一種普通的促銷方法，比如在報紙上刊登廣告或贈送優惠券等，效果可能就沒有這麼好。

8.音樂促銷法

音樂對產品的促銷亦頗多助益，成為店頭行銷又一簡單易行的手法。調查結果顯示，柔和而有節拍的音樂，在超級市場播放時，可使銷售額增加 40%。但節奏快的音樂反而使顧客在店裏流連的時間縮短而購買的物品減少，這個秘訣早已被超級市場經營者所熟知，所以當每天快打烊時，超級市場就播放快節奏的搖滾樂，迫使顧客早點離開，好早點收拾下班。

9.新奇促銷

新奇促銷是指營銷人員利用人們追新求奇的心理特點，通過生動活潑的產品廣告、宣傳和實物，全面展示產品的新穎、別致和奇特之外，突出其與眾不同的個性，以引起消費者的注意，激發其消費者慾望的一種促銷方法。

澳大利亞有一家中餐館老闆挖空心思推出一招：顧客就餐後，吃得滿意可以多付款，吃得不滿意可以少付款。此招一出來，許多顧客非常好奇，並為把握不好「價格標準」而不好意思少付款，餐館每月獲利竟比同行高出一倍多。其實踐結果是，約有 90%的顧客超標準付款，7%的顧客按標準付款，而鑽空子的僅佔 3%。作為消費者，我們習慣了按菜單付錢，突然有一家餐館可以自己做主，想給多少錢就給多少錢，這是從沒有的新鮮事，自然會引起人們的好奇心理，所以很多人慕名而來，餐館的生意驟然興隆。

10.懷舊促銷

譬如在中國的「東北人」餐飲店，在這方面的促銷就做得很好，它是東北菜的餐館，店裝修得很特別，其最大特色是餐布、椅罩都用上花花綠綠的花土布，連服務員的制服都是用花土布縫製而成，非常醒目，甚至在牆上也掛上東北農家的玉米、辣椒、大蒜等。人人都有懷舊心理，尤其是中老年人，對他們來說，過去總會有一些美好的事值得懷念。利用懷舊心理大做文章，也會取得一些意想不到的結果。

11.色彩促銷

人對於顏色的反應是與生俱來的。色彩是無聲的推銷員，善用色彩的魅力，可以產生即時的視覺震撼，激發人們潛在的購買慾望。在色彩的運用上首先要敢於突破一般的色彩組合原則，使色彩運用給人以新穎獨到的感覺。其次，要提高色彩的明度和純度，這樣可以加大對消費者的心理衝擊力或者心理錯覺，引起他們的關注，根據這些，企業在促銷中巧妙的使用，可以起到很好的促銷效果。

我們可以經常在電視中看到這個廣告：清除感冒，黑白分明。白天服白片，夜晚服黑片。這是「白加黑」感冒藥的廣告詞，很多人對此印象深刻，而這主要是該公司深諳顏色對消費者的影響，將與衆不同的色彩意識注入到產品上。衆所週知，在感冒藥上，市場上幾乎清一色的灰白色的藥片，而白加黑的出現讓人眼睛一亮，色彩對比強烈，又和白天與黑夜相呼應，自然令人印象深刻。

因顏色不同給人以不同感覺，銷售情況也大不相同。受此啓發，某咖啡店分別用青、黃、紅和咖啡色四種顏色的杯子裝上質量一樣的咖啡，請人喝完後徵求意見，結果飲者普遍感到味道不同，紅色杯子裝的咖啡味道最濃。於是，老闆把咖啡杯全部換成紅色，生意便愈發興隆起來。

心得欄 ----------------------------------

第 12 章

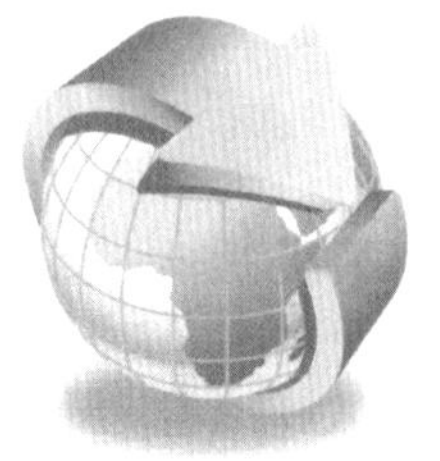

用陳列展示來打動顧客

一、如何讓商品陳列更具魅力

商品陳列是企業終端管理工作不可缺少的重要組成部份，商品陳列效果的好壞直接關係到終端管理工作的開展。

優化、合理、簡潔的商品陳列能刺激消費者的購買行為，能使企業快速建立品牌形象和企業形象，進一步提升品牌認知度和傳播的有效性，鞏固和提高品牌價值。

合理的商品陳列具有展示商品、刺激銷售、方便購買、節約空間、美化購物環境等多種重要作用。它對銷售額的影響至少在一倍以上，這就是為什麼眾多廠家和商家極度重視商品陳列的原因。廠家總是不惜重金搶奪黃金貨架，商家總是將最好的商品放在最有利的位置。但是，黃金貨架也不是每一個廠家都買得起的，如何在超市的有限空間裏盤活企業的產品，讓陳列做得更合理、更增大銷售機會呢？在當前所有的陳列技術中，借勢陳列是最具銷售力的。

表 12-1　門店陳列工作流程細化

流程起點	流程目的		流程終點
門店陳列區域劃分	規範門店陳列工作		陳列維護
執行者	輸入	輸出	對象
門店	陳列原則；陳列規範；陳列佈置物	陳列檢查結果	門店商品、環境
節點	關鍵流程步驟	關鍵流程描述	
A2	門店陳列區域劃分	門店店長根據門店區域劃分，安排每個店員負責的區域和商品充分利用黃金和白銀銷售區的劃分和特點區分不同商品區域陳列劃分	
B2	明確陳列原則和陳列規範	明確該IT企業連鎖門店陳列的八個原則和陳列形態規範和陳列方式規範，明確陳列用具的使用規範	
A3	指導店員佈置負責區域	店長每日指導店員佈置所負責區域的商品和環境	
B4	檢查店堂燈光及音樂	根據燈光和音樂規範要求，確認門店燈光正常有利陳列，播放音樂，烘托氣氛	
B5	宣傳物料佈置	正確使用海報、宣傳單、價簽等各種宣傳物料	
B6	商品陳列	根據陳列手冊要求對商品進行陳列電腦展示應當按照該IT企業當期展示方案進行展示，充分利用公司發放的小飾品等佈置物進行陳列，門店購買小額的裝飾品對陳列進行美化佈置	
B7	陳列保持	門店每日都應當保持良好的陳列狀態，對於挪動的陳列應當及時復位同時對陳列進行不斷創新	

為商品銷售的主要經營技術，商品陳列起著決定性的作用，為了使銷售工作能高效有序地進行，各門店實行商品陳列店長、店助、實物負責人層層負責制度。

二、終端零售店陳列規範

1.零售店區域劃分

零售店的區域劃分有以下幾種方法：

按品類：消台、NB、數碼、外設等。

按功能性質：陳列銷售區(展示台、貨櫃、貨架等)、體驗區、收銀台、休息區、工作間等。

按陳列銷售區位置：銷售黃金區、白銀區等。一般黃金區在主通道的兩側和顧客進入店內視線最容易看到的陳列區，而白銀區則較次之。

2.陳列用具使用規範

展示台：展示台主要用於陳列消台 PC、NB 等大件商品，各展示台必須保持整齊劃一，展示台之間縫隙要達到最小化。

陳列架：陳列架是佈置、美化店內牆壁的重要用具。陳列架的高度和寬度同門店的空間和商品的尺寸大小相一致。陳列架一般陳列數碼和外設等小商品。為了容易被看到，小商品不宜放置在陳列架裏邊，而應放置在前面，讓顧客容易看到。對於敞開式陳列架，要求讓顧客用手可以夠到的商品，必須放在 160 釐米以下；上層放置的高度，要以店員的手夠得到的範圍為最佳。

陳列小道具：指安裝在陳列台上的用來吊掛和擺放商品的小陳列

用具，一般是需要裸露陳列的商品使用它，用它來補充大的陳列用具的不足；或者為使平面陳列有高低起伏的變化而使用的道具。小道具的使用，便於顧客產生聯想，從而刺激購買慾。

但是也要注意：不要勉強使用與商品大小不合適的陳列道具：不一定非要使用很貴的材料用具，使用金屬工具、塑膠用具有時一樣美觀大方，不要造成不必要的浪費；避免使用不適應季節變化的形狀和顏色。

陳列櫃：形狀小、價格高的商品，或容易變色、汙損的商品，必須放在陳列櫃裏，其他商品都可以敞開陳列。選擇陳列櫃陳列時，要研究其高度和擱板的寬度，使之很好地與商品相配合。另外，陳列櫃裏商品太少而顯得過空不好，過多又會像商品倉庫一樣，所以商品陳列櫃顯示有豐盛的氣氛但又不顯擁擠為最好。

3. 店堂燈光及音樂使用規範

⑴店堂燈光投射及應用說明

燈光的重要性，良好的燈光可以產生很神奇的效果，燈光是產品展示的有效工具，對銷售週轉週期的長短有著重要的影響。燈光所產生的效果遠遠超出了光線本身，好的燈光效果可以營造出舒適的購物環境，將產品的陳列以很具誘惑力的方式表現出來。

基礎照明：基礎照明開始就被固定在相應的位置，之後無需對它們進行調整，唯一需要注意的是：確保所有的燈具正常運作。

重點照明：天花板上作為重點照明的射燈需要有效地投射到需要突出的產品上。對於我們來說，每次調整牆面及店鋪內的陳列方式後都需要去調整投射的角度。同時需要注意的是，每當因為顧客或者因為清潔移動過店鋪內的道具及商品後，必須將它們歸位到燈光的照射下。

⑵店堂音樂使用規範

規範門店音樂，其實包含兩層意思：一個是音樂的播放，一個是視頻的放映。播放和放映可以透過電腦或者專門的播放設備。視頻放映公司的企業文化宣傳短片、風景片等都可以。

門店的音樂播放一定要選擇能讓人心情舒暢，愉悅歡快的音樂，如注重旋律，結合不同電子音樂元素的輕音樂和民族、古典、爵士之類的名曲。

特別注意的是節日(春節、耶誕節、國慶日、勞工節等)促銷活動的音樂要特別選擇，一般選擇比較歡快、流行的樂曲。

備註：根據國際慣例，在經營場所透過專業技術設備播放的音樂必須要考慮到是否產生侵權，以免造成投訴，引起不必要的麻煩。

4.宣傳資料使用規範

門店的宣傳物料有條幅、吊旗、海報、KT 板、宣傳單頁、標誌、LOGO 等。這些物料是門店的廣告，商品的廣告。所有這些都是為了營造賣場氣氛，對陳列主題和促銷宣傳的推廣。

宣傳物料的布放空間有上空的吊旗、條幅、燈箱、LOGO，牆上的噴繪，櫃上的海報、KT 板、台卡，機上的價格牌，機邊的宣傳單。不同空間的宣傳物料起不同的作用。空中的宣傳物料引導人流，吸引顧客走近各區域；櫃上的海報、KT 板、台卡提示顧客駐足觀望商品或活動的主題：機上價格牌起產品功能表達作用；機邊的宣傳單是對顧客的一種強化宣傳。

條幅的內容最好是宣傳主推產品或當期活動，其次為形象宣傳或服務承諾。條幅的色彩要鮮豔奪目，印刷做工要精細，文字要精練簡明，朗朗上口，尺寸要不大不小(先丈量上報，後製作發放)。

懸掛要整齊美觀無折皺。吊旗懸掛要整齊劃一，橫向和縱向個數保持一致。

海報要少而精緻，隨寫隨換，畫面設計要大膽、主題鮮明，有視覺衝擊力。張貼在最搶眼的位置，如門店門口、門柱、展櫃背板、牆壁等。

宣傳單頁分產品宣傳單和活動宣傳單兩種，產品宣傳單用得好可以縮短與顧客交易的時間，用書面參數彌補口說無憑的不足；活動宣傳單是當期活動的提示和細則。對於有產品宣傳單的商品一定要在其旁邊或下面放置宣傳單，與商品一一對應，且數量不少於 50 張。活動宣傳單應放置在門口顧客易見、易拿處，數量不少於 30 張，數量少時應及時補充，活動結束一定要及時撤下或更換。

KT 板是門店臨時宣傳和告示所用，通常用作台式放置，例如：在收銀台、電腦展示台、貨櫃最上面一層等。

標誌包括價格牌、價格簽、功能牌、指示卡、台卡、授權證書、榮譽證書等。

價格標誌的使用：在門店裏同類商品的價格標誌都要統一字體，統一格式。電腦商品的價格牌必須整齊劃一，沒有污漬，沒有破損。消台台式價格標籤一律放置在機箱上方或內側，邢台式價格標籤一律放置在商品兩側。需要更換新標誌時，價格一定要與零售價一致。

功能牌、指示牌卡、台卡必須與商品一一對應，由於顧客接觸而出現位置移動之後，店面人員一定要及時復位。

授權證書、榮譽證書指該產品授權證明、門店所獲榮譽獎項等，應突出擺放於體驗區，經常擦拭，保持明亮，使顧客感受到門店的正規和實力。

LOGO 是公司品牌的圖文表達，它是消費者記憶和識別品牌的標誌。所有的門店都要使用統一，保持完整和清潔。

三、如何有效陳列店面商品

經銷店裏陳列的商品美觀適用，不僅可以吸引顧客，擴大銷售，還能有效地利用營業面積，降低流通費用，方便消費者購物。

商品陳列的原則是：

⑴商品正面面對顧客，以便觀覽選購。

⑵吸引顧客。陳列品要科學搭配，使櫥窗美觀、大方，還要採用富有魅力的色彩、引人注目的照明和活動式的陳列等。

⑶具有豐富感。商品豐富是刺激顧客的重要條件，要儘量把商品陳列出來，給顧客以琳琅滿目、豐富多彩、多而不亂的印象。

⑷給人以親切之感。同樣的商品隔著櫥窗看和用手摸感覺大不一樣，觸摸實物更加親切。所以，開架銷售更適用於此原則。

⑸附以說明。對商品的詳盡介紹，可以有效地幫助顧客瞭解商品的性能和用途。特別是新產品、高科技產品的營業員必須對自己所銷售的產品詳加介紹。

⑹突出商品的獨具特點。根據不同的商品所有的不同的特點和貨架的具體位置，應該合理採用不同的陳列方式，以方便顧客和吸引消費者的視線。

⑺講求經濟效果，儘量利用店內面積和所有貨架，充分發揮每一寸面積的作用。

另外，不論是零售店、連鎖經銷店或者超市，在陳列商品時，都應力爭做到：

⑴確保陳列品無灰塵，無污垢，不褶皺，美觀整齊。

⑵不同商品分類陳列，把主要商品放在最顯眼的地方，也可單獨設架，以便引人注目方便選購。

⑶系統陳列，把有關的商品相互靠近擺放，以便顧客就近挑選。

⑷交叉陳列，把有雙重作用的商品放在貨架上，以便選用。如圖釘就既要放於「文具」類，又要放於「日雜」類；兒童保健牙膏則既要放在保健品貨架上，又要放在兒童用品貨架上。這樣交叉擺設，必定能增加顧客購物的機會。

⑸儘量做到便於顧客接近、觀看、接觸和挑選。如冰櫃中陳列的產品要張貼「請自己拿取」的提示。兒童用品、食品應擺在貨架 50～100 釐米高度處。

⑹商品標籤要粘貼得當、醒目，所有標籤都應用中文標明，如有外文必須翻譯成中文，不能讓顧客產生陌生感——這是國內許多商家目前最嚴重的失誤之一，切記之！

⑺廉價商品和希望吸引顧客購買的暢銷商品的陳列，要區別於其他商品的陳列，可以單獨成架或放於專門貨架上。如放於店門口使行人看見後產生購買慾望。

⑻生活必需品應擺在店內顯眼處，使顧客隨時能看到。

⑼鄰近的商品顏色要和諧，商品的色調應與照明諧調。

⑽要合理、充分地利用店內空間，不可浪費。

⑾體積大、分量重的商品應放在貨架下部，體積小、分量輕的商品可放在貨架上部，便於顧客取放。

⑿商品出售後要及時補充，但不可排列太滿，要少放幾個，以造成已銷若干商品的假像去刺激顧客購買。

其次，如果你為銷售商店供貨，那麼擺放你的商品時請切記以下幾個原則：

⑴陳列很重要，消費者看到才會買，看不到就不會買，不管你的商品有多好。

⑵把你經銷的商品擺在消費者最容易看見和最容易拿取的地方。

⑶擺得越多越整潔越好。

⑷多在分銷店裏張貼你的廣告以吸引視線。

⑸擺在同類的最暢銷產品旁邊以「借光」，如果你的經銷商品不是那麼暢銷的話。

⑹儘量多往貨架上放，少放倉庫裏。

⑺避免把你的經銷品擺在倉庫、廁所的入口處或氣味強烈的商品旁。

⑻避免把你的經銷品擺在黑暗角落裏或最低一層、最高一層。

⑼最好把你的經銷品擺在正對大門，入口即可看見的地方。

⑽最佳位置還有：與視線等高的貨架，顧客人流最多的通道兩邊，必經之地如入口、出口或收銀台邊，貨架的兩端，從櫥窗外可以看到的地方。

最後，店面內的環境和氣氛，對顧客心理也有很多的影響，因此，要注意以下四個方面：

⑴營業場所要清潔、寬敞，要有一定的迴旋餘地，讓顧客有歇息的地方，不要擁擠，讓顧客感到心情壓抑，那樣就會失去許多的商機。

⑵廣告、宣傳畫的內容與形式要恰到好處。要注意冷暖色調的對

比、協調，以及佈局的疏密合理。

⑶貨架上商品陳列要豐滿適度，切忌「空」、「滿」，即貨物過少或擁塞，都會使人產生厭煩情緒。

⑷音響。冷靜和喧鬧都不適宜營業。冷靜不吸引顧客，喧鬧又影響商品銷售的正常秩序。營業場所的音樂也會影響到顧客的心理。刺耳、音響聲音過大、節奏過快的音樂，都容易造成顧客的煩躁情緒。輕鬆舒適的音樂，能夠使顧客情緒穩定，有利於從容地選購商品。

四、如何做好商品陳列

近幾年在市場上悄然崛起的匯仁製藥有限公司對業務員做終端提出了「四個一」的標準，即產品擺放在一個顯眼的位置上、有一個展示牌、一個台卡和與終端有一個良好的關係。某區域經理總結了該公司做終端的經驗：

⑴產品陳列位。要求：靠消費者流動性強的路線、視線平等的貨架及櫃台、臨近知名度高的品牌及同類產品，水平陳列或垂直陳列。

⑵產品陳列面。要求：每一個品種與規格都陳列 2～3 個排面，且愈大愈好。一定要比競爭對手多，銷售量最好的品種陳列在中層貨架，大禮盒陳列在貨架上層。

⑶產品結構。要求：根據每個零售店的實際情況而定，如在行政區、醫院等地方的零售店要陳列禮盒包裝，其他商店考慮簡單包裝。

⑷產品庫存。要求：貨架上應常補滿貨，庫存至少比購買週期多一週的商品量。

⑸ POP 佈置。要求：貨架卡、店門的掛旗、吊旗、橫幅、宣傳

畫。

⑹落地陳列(堆頭)。要求：靠近自己產品的貨架端頭、堆頭陳列1～2 個有代表性的產品。

⑺維護。要求：銷售人員應在拜訪客戶時更換 POP、維持貨架整潔、補貨，並請店內人員於平時協助做上述工作及維護。

商品陳列的最終目的就是銷售。當你把貨擺進店面時，你便會希望透過商品陳列幫助店面儘快把貨賣給消費者。在一個現代化的超市裏，陳列著千百種不同品牌、不同包裝的商品，一分鐘內消費者至少從一百種以上的商品前經過，如何讓他們停下腳步，對你的商品發生興趣，進而購買你的商品，這是商品陳列水平面臨的考驗。

1. 商品展售與陳列的基本知識

70%的購物者認為良好的陳列誘使他們購物，只有 8%的顧客購物不受陳列面影響。最大的陳列面積+全部品項產品+整齊、清潔的產品+有明確價格標示＝規範化陳列＝銷量、業績、利潤。

陳列面的多少，不僅直接影響銷量，也是同類產品市場地位的寫照。

在超市內有展示的商品，比無展示的同類產品的銷售額要高出425%。

價格牌在堆場和貨架上都很重要，大概有 65%的人在購物時會查看價格。

堆頭位置的變化引起銷量 150%～200%的變化。

陳列展示的四個要素是：

⑴位置；

⑵外觀(廣告、POP 的配合)；

⑶價格牌；

⑷產品擺放次序和比例。

2.貨架位置引起的銷量變化

同種商品在同一商場，由於貨架的位置不同，會引起銷量的巨大變化。我們來看下面這個案例：

3.規範陳列基本概念

好陳列＝銷量+利潤。據華邦調查：從對各大城市 30 餘家商場超市進行的追蹤統計來看，實施規範化陳列後，可使銷量較以前增加 30%～50%以上！

⑴大陳列：成箱產品堆成展示型貨碼，俗稱為堆頭。

⑵突出陳列：一般用在中性區，用車子、籃子、箱子等做基底，擺放相關產品做突出陳列，以招徠顧客。

⑶前進立方體陳列：大量商品被選購後貨架上出現凹型，為了降低凹型發現率，必須及時將商品前移，否則就會影響銷售。此種方法又稱為補貨。

⑷關聯陳列法：將相關互補的商品陳列在一起，如飲料、果汁、酒、糖果等，物以類歸，分類陳列，整齊美觀，便於消費者選擇。

⑴比較陳列法：將不同規格的相同商品陳列在一起供消費者選擇。如將 1.5 元的單瓶產品 6 瓶為一包，售價為 7.5 元，每瓶 1.25 元，目的是主賣 6 瓶裝的包，所以單瓶的可以少擺一些，以突出主賣品。

⑵貨架黃金位：距地面 60～160cm 處，平視可見，伸手可得，出銷率佔 50%。

⑶次位置(次上下端)：距地面 60～180cm、30～60cm 處，出銷

率佔 30%。

⑷上下端：距地面 180cm 以上、30cm 以下部份，出銷率佔 15%。

⑸產品生動化：透過產品整齊優美的排列再配上 POP(粘貼畫、懸掛條幅、立地 POP 等)和價格標籤等體現產品生動化，能引起消費者的注意，有美感，激起即興消費和購買慾望。

⑹堅守陳列面：陳列面的變化會引起銷量的變化。陳列面的保持很重要，競爭對手往往會擠佔你的陳列面。

⑺展面維護：不僅僅是簡單的往貨架上添貨，還包括：整溜排列、清潔維護、價標醒目、先進先出、產品生動化、新品上櫃、售後服務等。

4.超市陳列最佳位置

超市產品陳列的最佳位置有：

與目標消費者視線儘量等高的貨架。

人流量最大主通道，尤其是人流通道的左邊貨架位置，因為人有先左視後右視的習慣。

貨架兩端或靠牆貨架的轉角處。

有出納通道的入口處與出口處。

靠近大品牌、名品牌的位置。

縱向陳列，因為人的縱向視野大於橫向視野。

產品陳列效果較差的位置有：

倉庫、衛生間入口處；

氣味強烈的商品旁；

黑暗角落；

過高或過低的位置(不易看到也不易拿取)；

店門口兩側的死角。

5.貨架的陳列位

貨架通常有幾個高度：與視線平行、直視可見、伸手可及、齊膝。

貨架的不同高度對銷售量的影響有：貨架從伸手可及的高度換到齊膝的高度，銷售量會下降15%；從齊膝的高度換到伸手可及的高度，上升 20%；從伸手可及的高度上升到直視可見的高度，上升 30%～50%；從直視可見的高度換到齊膝的高度，下降30%～60%；從直視可見的高度換到伸手可及的高度，下降15%。

6.貨架陳列

同種產品集中擺放，排面越多越引人注意，銷售機會也越大，銷量幾乎和排面成正比；優先陳列正欲推廣的產品和銷量最大的產品；同一種包裝規格的產品在同一層貨架上水準陳列；同一品牌的產品按不同規格在貨架上垂直陳列；明碼標價是最好的廣告，但注意標價不要張冠李戴，同一賣場同種產品價格應一致；所有產品中文商標朝外；把生產日期早的產品擺在最前面儘快銷售；避免產品長期暴曬(包裝褪色，品質受損)。

7.上貨要求

所有陳列於貨架上的公司產品必須拆開外包裝，以便於消費者拿取。每次去賣場，發現不良品應立即撤下貨架。盡可能多地利用客情關係，在店內使用廣告宣傳品。在陳列貨架的每個面上都做好記號，以便於下次理貨時清除混入公司陳列中的其他品牌產品。在推廣新品期間，要保證新品佔1/3的陳列空間。公司每次推出新品，都要精心策劃。每推廣成功一個新產品，都可以增加商場的銷量，所以一定要讓消費者看到公司的新產品。

8.落地陳列

用於超市賣場或批市箱體陳列、堆頭陳列。除非有促銷指定品項或空間限制，一次落地陳列一種產品為佳。

島型陳列：位於客流主通道，可以從四個方向拿到產品，除最下面一層外全部割箱露出商標；

梯型陳列：階梯式堆放(背靠牆壁)可以從三面拿到產品；

金字塔型陳列：四方形，下大上小，一圈一圈多層陳列，除最下面一層外全部割箱，層層縮進；

所有落地陳列必須有清楚明顯的價格指示和廣告貼紙；每次拜訪時清理陳列區域，移走每一包非本公司產品；每個產品中文商標面向消費者，補充產品由後向前，由上而下；完成陳列後，故意拿掉幾件產品以留下空隙方便顧客拿取，同時借此顯示商品的良好售賣情況。

9.理貨人員的工作要點

⑴隨時檢查製造日期和保質期。

⑵儘量使商品放在方便目標消費者拿取的位置。

⑶兒童用品/食品擺在貨架 50cm～100cm 高度處。

⑷成人用品/食品擺在貨架 70cm～170cm 高度處。

⑸用冰拒陳列產品(超市)要張貼「請自己拿取」的廣告紙。

⑹保持貨架上盡可能多的產品，讓消費者方便地自行選購。

⑺陳列要突出視覺效果，但也要注意安全性，擺在穩固的位置。

⑻考慮消費者拿走其中一個時，其餘產品的穩固性，而不是留給消費者自行處理。

總之，商品陳列很重要，消費者看不到就不會買，所以要擺在消費者最容易看見和拿取的地方，並且擺得越多越整潔越好。

世界著名的連鎖便利公司 7-11 的一般營業面積為 1010 平方米，店鋪內的商品品種一般為 3000 多種，每 3 天就要更換 15～18 種商品，每天的客流量有 1000 多人，因此其商品的陳列管理十分重要。

商品陳列的目的是讓消費者看到商品、刺激衝動性購買、爭取更大的陳列空間、保護自己的品牌、增加店面利潤、提高消費者的忠誠度，但它的最終目的是銷售。在一個現代化的銷售終端，陳列著千百種不同品牌、不同包裝的商品，消費者一分鐘內至少從一百種以上的商品前經過。怎樣才能在終端貨架的眾多產品中使自己的產品脫穎而出？怎樣才能使自己的產品閃爍著耀眼的光芒呢？答案就是科學地陳列。

一般說來，商品的陳列主要有以下方法：

10. 顯而易見——陳列顯眼

誰的商品能夠抓住消費者的注意力誰就是贏家。商品陳列要讓消費者顯而易見，這是達成銷售的首要條件，讓消費者看清楚商品並引起注意，才能激起其衝動性的購買心理。所以要求商品陳列要醒目，展示面要大，力求生動美觀。

11. 最大化陳列

商品陳列的目標是佔據較多的陳列空間，盡可能增加貨架上的陳列數量，只有比競爭品牌佔據較多的陳列空間，顧客才會購買你的商品。

成功的最大化陳列都具有以下特點：

· 包裝面正面向外（確保消費者對品牌、品名、包裝留下印象）。

· 採用堆箱形式的陳列面的穩固性（安全，不易翻倒）。

· 多產品集中排列。

· 至少三個排列面(因為一個較易被品名價格標籤擋住)。

· 留有陳列面缺口(給人感覺熱賣中，又便於拿取)。

12.垂直集中陳列

垂直集中陳列有利於搶奪消費者的視線，因為人們的視覺習慣是先上下，後左右，垂直集中陳列符合人們的視覺習慣，又可以使商品陳列更有層次、更有氣勢。除非商場有特殊規定，否則一定要把所有規格和品種的商品集中展示。

產品主次分明，符合滿陳列原則，佔據貨架陳列面積最大化，就能達到顯而易見的良好展售效果。在此基礎上垂直縱向陳列展示，效果會更好。

13.下重上輕

將重的、大的商品擺在下面，小的輕的商品擺在上面，便於消費者拿取，也符合人們的審美習慣。

14.全品種陳列

盡可能多地把公司的商品全品項分類陳列在一個貨架上，既可滿足不同消費者的需求，增加銷量，又可提升公司形象，加大商品的影響力；既可增加商品展示的飽滿度和可見度，又能防止陳列位置被競爭品擠佔。

某超市的端架費 300 元/月，進場費 100 元/月，每品貨架給兩個陳列排面。現在 A 公司已進了 5 品，也就是貨架上有 10 個排面的陳列。準備用於此超市的費用 1500 元，操作方法可以是購買 5 個月的端架，這樣做的效果是端架上有 5 個月很好的陳列，貨架上有 10 個排面的陳列；也可以購買 3 個月的端架，用剩餘的 600 元再進 6

個新品種，這樣做的效果是：端架上有 3 個月很好的陳列，而貨架上會有至少 22 個排面的陳列。因為可以請超市把 A 公司暢銷的幾個品種在貨架上的排面調多一個，一般情況下超市會滿足他們的要求。

A 公司這樣做還有一個好處：A 公司的產品佔的貨架資源多了，留給競爭對手的機會自然也就少了。A 公司確立了在貨架上優勢，這對於銷量的提升作用就不用說了。

15.生動化陳列

為了強化焦點廣告，增加可見度，吸引消費者對產品的注意力，提醒消費者購買本公司商品，就必須體現陳列的四要素：位置、外觀（廣告、POP 的配合）、價格牌、產品擺放次序和比例，並根據商品特點及展售環境進行創意。生動化陳列是商品陳列原則中最完美的境界。

某商店端午節前夕重新設計了店面陳列：在大賣場入口的電梯兩側用綠色的粽子模型營造出一個濃厚的端午氣氛，此是第一道衝擊波；第二道：贈送有關端午文化、粽子製造的小貼士手冊，介紹粽子的淵源嬗變，培育市場；第三道：形象化的竹屋促銷台將竹葉清香的粽產品概念立體化展示出來，青青的翠竹構成了賣場一道靚麗的風景，吸引了眾多消費者的眼光。

風雨衣廠在某商場進行展銷時，銷售人員在櫃台前沒有向顧客多說什麼，而是將風雨衣「穿」在一個模特身上，上面用蓮蓬頭不停地淋水。水滴在衣服上就像滾在荷葉上，滴水不沾，生動地展示了這種風雨衣的擋雨效果，引起顧客很大興趣，促進了銷售。品質是商品形象的生命線，利用商品陳列展示良好的商品品質，無疑對樹立良好的商品形象大有裨益。

16.重點突出

在一個堆頭或陳列架上，陳列公司系列產品，除了全品項和最大化之外，一定要突出主打產品的位置，這樣才能主次分明，讓顧客一目了然。

17.易選易拿陳列

易選易拿就是要將產品放在讓消費者最方便、最容易拿取的地方，根據消費者不同的年齡、身高特點，進行有效的陳列。如兒童用品應該放在一米以下的地方。

提高門店日常銷售最關鍵的是貨架上黃金段位的銷售能力。根據一項調查顯示，商品在陳列中的位置進行上、中、下、三個位置的調換，商品的銷售額會發生變化：從下往上挪的銷售一律上漲，從上往下挪的一律下跌。

18.統一性陳列

所有陳列在貨架上的公司產品，標籤必須統一將中文商標正面朝向消費者，可達到整齊劃一、美觀醒目的展示效果，商品整體陳列的風格和基調也要統一。

19.整潔性陳列

保證所有陳列的商品整齊、清潔。如果你是消費者，你一定不會購買髒亂不堪的產品。

20.價格醒目

清楚、醒目的價格牌，是購買的動力之一。它既有宣傳告示效果，又便於消費者與同類產品進行價格比較，還可以在上面寫出特價和折扣數字以吸引消費者。如果消費者不瞭解價格，即使很想購買產品，也會猶豫，進而喪失一次銷售機會。

21.先進先出

按出廠日期將先出廠的產品擺放在最外一層，最近出廠的產品放在裏面，避免產品滯留過期。專架、堆頭的貨物，至淡季每兩個星期要翻動一次，把先出廠的產品放在外面。

22.最低儲量

確保店內庫存產品的品種和規格不低於「安全庫存線」。安全庫存數＝日平均銷量×補貨所需天數。

23.堆頭規範

堆頭陳列與貨架陳列的不同是其能更集中、突出地展示某廠家的商品。不管是批發市場的堆箱陳列還是超市的堆頭陳列，都應該遵循整體、協調、規範的原則。特別是超市堆頭，往往佔據了超市的最佳位置，是廠家花高代價買下做專項產品陳列的，因此從堆圍、價格牌、產品擺放到 POP 配置，都要符合上述的陳列原則。

24.色彩對比

商品陳列雖然很容易做到色彩斑斕，但品種多了就容易給消費者造成一片花花綠綠的視覺，不知所以然。好的陳列要將色彩進行有機的組合，使其相得益彰。不少企業將產品包裝設計組合為一幅動人的圖畫。

25.利用空間

目前超市的堆頭空中面積暫時沒有收費，利用空間進行陳列不僅可以直接提高商品陳列面積，而且可以加強陳列的生動性並能達到最大化。

26.對抗性陳列

對抗性陳列主要指根據主要競爭品牌的陳列狀況調整產品的陳

列、規模或位置。主要競爭品牌是指產品類別、價格、品質相近，管道模式相似或雷同，銷售額差距也不大的產品。對這些產品，目標消費群的消費能力、消費觀念也較為接近。

同主要競爭品牌競爭最激烈也最有效的途徑表現在終端上就是對抗性陳列。對抗性陳列不僅表現在陳列規模上，更要分清競爭對手是追隨者還是品牌的領導者，對於前者，在商品陳列上要採取遠離策略，而對於後者則應採取貼近策略。

一般說來，企業會就市場確定 1～2 個品牌作為主要競爭對手，但是不能排除競爭對手市場成長的不均衡性，因此在特定的區域市場上，還必須找出企業的強項品類和主推品類的真正競爭對手，那怕這些對手可能只是地區性的品牌。找準了競爭對手，在商品陳列上的狙擊才可能有的放矢。

心得欄 --

五、屈臣氏的標準化管理

表 12-2　屈臣氏店鋪的陳列標準（一）

貨架的圖示及名稱	陳列標準
直身貨架	①按照陳列圖來進行陳列 ②陳列樽裝、灌裝、盒裝及重身貨物等，如日用品、保健品 ③貨架跟貨品之間留一定的空間，方便顧客拿取貨品 ④貨架第一層的貨品，儘量不要高於貨架頂部
斜身貨架	①按照陳列圖來進行陳列 ②陳列體積小及輕巧、小包裝等貨品。適用於糖果、藥品及一些飾物層架陳列 ③斜架有好多的陳列效果，清晰、吸引、整齊，可減低貨架存量 ④斜身貨架貨品前面應該加有擋板，防止貨品滑落 ⑤貨品要把貨架玻璃完全覆蓋
掛網貨架	按照陳列圖進行陳列
地台膠箱	①按照陳列圖進行陳列 ②地台膠箱顯示價錢的方法是，在膠箱的右側插有 L 形架 ③L 形架的左邊放 9cm×9cm 特價牌，右邊放物價標籤

表 12-3　屈臣氏店鋪的陳列標準（二）

陳列的圖示及名稱	陳列標準
堆頭（單支座）	①可擺放兩個堆頭，一般陳列於指定貨架旁 ②每個堆頭只能擺放同一品牌同一價錢的貨品，每一層貨品要品種齊全 ③保持商品在同一高度，僅在魚眼牌下 ④可從任何方面看到商品的正面 ⑤貨品的顏色垂直間色 ⑥將列印好的堆頭牌，面對貨品方向插進魚眼座
超級堆頭	①座板長一米，最長放兩種貨品，陳列季節性貨銷量大的貨品，第一層貨品要品種齊全 ②保持商品在同一高度，僅在魚眼牌下 ③可從任何方面看到商品的正面 ④貨品的顏色垂直間色 ⑤將列印好的堆頭牌，面對貨品方向插進魚眼座
網架堆頭	①用於陳列不容易擺放貨架的飾品，例如手提包 ②網架堆頭只能擺放同一品牌同一價錢的貨品，第一層貨品要品種齊全 ③陳列商品以顏色垂直間隔 ④商品陳列要面向顧客 ⑤將列印好的堆頭牌，面對貨品方向插入魚眼座
膠箱堆頭	①一個膠箱堆頭只能陳列兩種商品 ②將列印好的堆頭牌，面對貨品方向插進魚眼座 ③上面的貨品用堆頭牌顯示價錢，下面的貨品用 9cm 價格牌顯示價錢
貨架頂架（熱賣焦點）	①陳列同一系列主推貨品，可擺放多款貨品 ②當擺放多種貨品時，貨品應佔滿貨架，並用 9cm 價格牌顯示價格，插在每種貨品的中間位置 ③必須插上相應主題的色條

續表

促銷架	①按照店鋪每次促銷的陳列指示或者當班安排陳列商品 ②只有同類型產品才可放在同一個促銷架上，並且產品必須是滿架量 ③一般是體積細小的產品放在促銷架的高幾層，體積較大放在下幾層次 ④每層促銷架需插相應主題的色條 ⑤每種貨品需有物價標籤顯示的價格 ⑥每種商品都必須使用 9cm 價格牌，插在商品的中間位置
促銷膠箱	①促銷膠箱以組為單位陳列，分三層共九個膠箱為一組，一般陳列在貨架終端 ②促銷膠箱按照店鋪每次促銷的陳列指示或者店當班安排陳列，在同一組促銷膠箱內應以部門集中擺放，同主題或同部門放在一起 ③一個膠箱裏必須擺放同一品牌同一價格的貨品 ④膠箱內的貨品不用放得太滿(約佔膠箱的 3/4，不得少於 1/2)，若貨品數量不足，可以用包裝紙包好的紙箱墊在膠箱底部，貨品放在上面 ⑤膠箱底部的貨品需整齊間色擺放，表明營造淩亂美，並且貨品的正面要面對客人 ⑥堆頭牌插在 U 形架內，並用螺絲固定位置
牆身架	①底層與頂層保持固定的距離：底層距離地面 1540mm；頂層從上面距離第六個孔開始；中間兩層貨架因貨品的多少而調換或拿走，背板相應調換，固定背板 ②陳列同一種或兩種或同一系列的貨品，陳列有吸引力及體積較大的貨品，貨品必須垂直擺放陳列 ③牆身架共三層，迷你堆頭牌用 U 形架固定在頂部第一層的貨品中間位置 ④由上向下數，最下一層架需插相應主題的色條 ⑤有大畫板的店鋪，大畫板下面的兩米架應放一至兩種貨品，並用 L 形架固定迷你堆頭牌，放在貨架的左邊，如果兩米架放同一種貨品，需一米架一個迷你堆頭牌，放在貨架的左邊

續表

島櫃	①放置小件的化妝品或者日用品 ②每格放置不同的貨品，貨量以滿格為準 ③價格牌應用 L 形架在色條處
側網	①側網高度不能高於架頂 ②第一行掛鈎應掛在側網有上面順數下來第四行上 ③每種貨品需有物價標籤和特價牌 ④商品種類垂直擺放　⑤貨量應適中，不能半滿也不能太滿
四面屏風	①用於陳列獨家新品或者出租給供應商做某商品的展示 ②用於陳列獨家新品時，在頂部有機玻璃陳列「獨家新品」堆頭牌 ③在貨架上陳列「獨家新品」短條 ④在「新」和「獨家優惠」貨品貼上相應的彈跳牌 ⑤四面屏風同一使用「獨家新品」系列 POP 陳列
供應商陳列架	①供應商陳列架只能陳列該供應商的商品 ②每種貨品需有物價標籤和特價牌 ③貨品的陳列按照市場部相關的指示擺放 ④瞭解店鋪的分佈圖，合理放置供應商陳列架 ⑤注意供應商陳列架擺放的時間
雜誌架	擺放在相應貨品的貨架附近以便客人取閱
掛鏈	①適合陳列體積大件及重量較輕便的商品 ②商品顏色垂直間色，正面面向客人 ③價格牌應該放在掛連正上方，字跡清晰 ④不能露出掛鏈　⑤掛鏈陳列的時間
冰箱	①冰箱應放在合適的位置上，並擺上季節性商品 ②冰箱裏面只能放置屈臣氏公司出產的水及飲料 ③時刻保持冰箱裏面有充足的貨量 ④在相應的商品前面，也要貼上物價標籤
雨傘架	①雨傘的陳列亦要間色 ②在下雨天時應把雨傘架放在門口位置 ③用正確的物件標籤和 POP 牌
大圖畫下面的陳列	以不超過大圖畫板為宜

第 13 章

利用 POP 營造銷售氣氛

消費者的需求分為現實需求和潛在需求兩種，無論那種需求轉化為購買慾望到最終購買，如果沒有外界刺激是不會實現的。

要研究如何讓消費者產生購買慾望直至產生購買衝動的外來刺激，首先應研究產品銷售氣氛如何刺激人的感覺。

人的感覺主要有視覺、聽覺、觸覺、嗅覺、味覺，終端促銷應該根據自身產品的特點，採用適當的方法刺激消費者的感覺器官，從而激發其購買慾望。

要想讓消費者產生購買慾望、實現購買行為，首先必須讓消費者來到產品銷售現場，由遠及近地刺激消費者的感覺器官，主要是刺激消費者的視覺和聽覺。應根據產品的特性佈置終端形象或音響效果，應主題明確，有特色。給消費者產生強烈的視覺衝擊，如有可能，再配以聽覺衝擊，吸引消費者的注意力，將消費者引導到產品前面。消費者來到產品陳列現場後，再以現場終端的生動化陳列吸引消費者的眼球，如再加以專業的講解，變產品特點為賣點，再將賣點轉化為買點，向顧客介紹產品的功能，激發消費者的購買慾望，讓消費者產生購買衝動，最終實現購買，這就是聽覺衝擊的一部份。在講解的同時，讓消費者接觸產品，讓其感覺到產品實實在在的優點；讓消費者感覺到這件商品就是屬於他(她)自己的了，再配以專業人員的講，從聽覺、視覺和觸覺三方面同時刺激消費者，最終實現購買。

POP 廣告即購買現場廣告，又稱售點廣告，它可以透過音樂、色彩、造型、文字、圖案等手段，向顧客強調產品的特徵和優點，凸顯產品的特質，起到很好的映襯作用。因此，POP 廣告被人們喻為「第二推銷員」。

它一般出現在超市、一般商場、百貨店、攤鋪等零售現場，所以又稱「零售廣告」。在零售店的裏裏外外，一切旨在促進顧客購買的廣告形式，都屬於 POP 廣告的範疇。

有數據顯示，95%以上的消費者在身臨銷售現場時，會忘卻原有記憶形象和特定信號，遊離在各種品牌面前。40%的消費者是在現場決定購買商品的。

POP 廣告能營造出良好的售點氣氛，透過刺激消費者的視覺、觸覺、味覺和聽覺，激起他們的購買慾望，商家如能有效地使用 POP 廣告，會使消費者感受到購物的樂趣，並且有效地影響其購買行為，提高品牌的忠誠度和美譽度，並樹立良好的產品形象和企業形象。

零售現場是消費者與消費品直接會面的主戰場，是商品、顧客、金錢三項要素的接合點，是企業行銷的最終目的地，是銷售的終結場所。處在零售現場的 POP 廣告無疑應擔負起誘導顧客即時購買的重任。

企業的行銷活動從市場分析開始，經過產品開發，分銷管道選擇、價格確定、傳媒廣告等系列環節，最終進入零售店的銷售現場。POP 廣告正是在零售現場，以前面環節的行銷努力為支撐，進行最終的最直接的展示和提升，達到最終銷售的目的。這好比是燒一壺開水，加上最後一把火，水才會沸騰起來。「這把火」就是 POP 廣告，所以人們也把 POP 廣告稱為「沸點」廣告。

一、 POP 廣告的作用

全方位的 POP 廣告，能為銷售現場營造出系統完整的立體服務態勢和銷售的最佳環境氣氛，能有效地刺激顧客的潛在購買慾，引發最終購買行為。

國外許多學者對消費者的購買行為做了各種各樣的研究，最後得出基本一致的結論：「顧客在銷售現場的購買中，三分之二左右屬非事先計劃的隨機購買，約三分之一為計劃性購買。」而有效的 POP 廣告，能激發顧客的隨機購買(或稱衝動購買)，也能有效地促使計劃性購買的顧客果斷決定，實現即時即地的購買。

不管那種購買形態，有效的 POP 廣告都要經過以下三個功效層次的遞進，實現促銷功能。

(1)誘客進店

由於在實際購買中有三分之二的消費者是臨時做出購買決策的，很明顯，零售店的銷售與其顧客流量成正比。POP 廣告促銷的第一步就是要引人入店。

一方面，應利用店面 POP 極力展示零售店的自我特色和經營個性。首先應明確告知零售店的經營特徵，如中國古代店鋪門口垂於竿頭的「幌子」，婚紗照相館門楣上方懸掛的「花轎」，麥當勞速食店門口的「M」標誌等；其次，應利用店面 POP 海報及時告知零售店的個性化服務，如 24 小時營業、平價商店、短缺商品的供給等；最後，店名也應講究創意個性，如某服裝店起名「被遺忘的女人」，令眾多女性推門而入，選購漂亮時裝，以免「被人遺忘」。

另一方面，透過營造濃烈的購物氣氛，引客進店。全方位 POP 廣告的整體組合，再加上清新怡人的店內空氣、輕柔舒緩的背景音樂和冬暖夏涼的適宜溫度，就能增加顧客流量。特別是在節假日來臨之際，富有創意的 POP 廣告更能渲染特定節日的購物氣氛，促進關聯商品的銷售。

⑵駐足商品

商品若能產生使顧客駐足詳看的力量，其 POP 廣告就必須緊緊抓住顧客的興趣點。

別出心裁、引人注目的 POP 展示能誘發顧客的興趣。如 AZIZA 化妝品的 POP 展示架成兩翼狀排列，上邊豎板上青春靚麗的少女頭像，充分體現了現代女性的美感和化妝品的獨特功效，令人駐足流連。

另外，現場操作、試用樣品、免費品嘗（食品）等店內活廣告形式，也能極大地激發顧客的興趣，誘發購買行為。

⑶最終購買

激發顧客最終購買是 POP 廣告的核心功效。為此，必須抓住顧客的關心點和興奮點。

導致顧客產生購物猶豫的心理原因是他們對所需商品尚存疑慮，有效的 POP 廣告應針對顧客的關心點進行展示和解答。價格是顧客的一大關心點，所以價格標籤應置於醒目位置；商品說明書、精美商品宣傳單等資料應置於取閱方便的 POP 展示架上；對新產品，最好採用口語推薦的廣告形式，說明解釋，誘導購買。有調查顯示，在專售某商品的「特賣場」中，若有專人的口語推薦，可產生 10 倍的銷售力量。

設計富有震撼力的 POP 廣告可誘發顧客的興奮點，促成衝動購買。BILLY 牛仔的壁面 POP 廣告，畫面是一對身著 BILLY 牛仔的瀟灑男女在歡樂地相戲——體魄強健的男子反背起嫵媚動人的女友，廣告語為「別讓人偷走您的夢」。許多年輕情侶在此駐足觀望，被溫馨歡愉的氣氛深深陶醉，最終毫不猶豫地掏錢購買。

二、如何讓終端銷售商接受 POP 廣告

當前的市場售點廣告鋪天蓋地，有些零售商害怕影響商店的購物環境，因此對許多企業竭盡全力做的售點廣告視若無睹，也不樂意隨便接受廠商售點廣告的投放，即使接受了也只是將其擺放在很不顯眼的位置。因此，把握如下的原則極為關鍵。

1. 要有助於零售商業績提升

只有能幫助零售商提升銷售業績、美化購物環境的售點廣告，才會受到零售商的歡迎。例如，冬天用的門窗廣告、商品信息看板、寄存台及寄存卡廣告等。

2. 要與售點的整體形象相吻合

在零售終端，我們經常可以看到許多企業常用膠水粘貼，導致售點的牆面、貨架被貼得零亂不堪，嚴重破壞了超市的整體形象，很不

美觀，也影響了品牌形象。

以前曾發生過這樣的事情，某大型超市在清理售點廣告時，發現膠紙被撕得斑斑點點，很難清理乾淨，於是要求各企業自行清理售點廣告，如果清理不乾淨則照價賠償，以後嚴禁在超市張貼膠紙。

售點廣告是構成售點整體形象的一部份，要從提升售點整體形象出發，強化和渲染售點的藝術氣氛和文化品味，使之與售點有機地融合為一體，給顧客美的感受，否則零售商就會拒絕破壞售點整體形象的售點廣告。

所以，售點廣告要美觀，與售點的整體形象相吻合，而不要成為超市中不雅觀的「牛皮癬」。

3.要考慮到終端零售商的要求

在設計售點廣告時，事先要做好終端店面情況的調研。如果零售店場地十分有限，零售商當然不喜歡佔地方的售點廣告，所以設計時要儘量少佔零售店的場地和空間。

因此，企業應該深入零售店考察，徵求零售商對售點廣告的意見，儘量從零售商的要求出發，設計出適合零售店使用的售點廣告，確定好售點廣告投放的位置和方式，以提高售點廣告的效用。

企業如果設計出的廣告不受零售商歡迎的話，基本上是無效的售點廣告，即使費很大的力氣發佈了，也會被零售商清除掉。有些企業的企劃部門設計的售點廣告先別說它美觀不美觀，就連放在什麼地方都沒弄清楚，製作了一大批，結果一大半零售店根本就沒有位置放置，造成售點廣告的巨大浪費。

除了設計出零售商認同的售點廣告外，企業應該對積極配合使用售點廣告的零售商，給予物質或金錢獎勵。廠商也可以鼓勵零售商自己動手開展簡單的售點佈置，這不僅可以減少企業的支出，還可以提高售點廣告的有效性。

食品企業聯合 150 家零售店開展售點廣告佈置比賽活動。實施辦法是企業派人指導零售商搭制售點廣告，然後由攝影人員拍照，經過評比，選出大獎和一、二、三等獎。過去大獎總是贈送電視機，這次改為贈送小型運送機動車，受到零售商的歡迎。企業還把獲獎彩色照片分送各零售商，供他們參考。這種比賽名為「比賽」，其實是對零售終端進行激勵和培養終端支援度的一個形式。

三、零售點 POP 廣告的四種常用形式

儘管目前各廠商利用各種大眾傳媒對企業產品進行廣泛宣傳，但當消費者步入商店時，已經將大眾傳媒的廣告內容遺忘，此刻利用售點廣告在現場展示，可以喚起消費者的潛在意識，重新記起商品，促成購買行為。

常見的售點廣告的主要形式包括：吊旗、橫幅、招貼畫以及櫃台貼和貨架貼等。

1. 吊旗

吊旗主要懸掛於店門和店內，製造賣場氣氛，刺激消費者記憶和廣告認知，刺激消費者衝動購買，這是一種最常見的售點廣告形式。

吊旗一般容易保護，懸掛時間也較長，能夠有效活躍賣場氣氛，生動的吊旗能產生強烈的視覺效果，從而刺激消費。在店內懸掛時應注意：

⑴根據店面情況（大小、高度等）來確定最佳懸掛位置，這樣易讓

消費者見到。儘量要靠近促銷場所，或掛在品類區，吊旗的高度在 2.4 米以上為佳。

⑵懸掛完畢後吊旗一定要平整，要拉齊不能下垂，而且每一片吊旗之間的間距要相等。吊旗懸掛在店內天花板上，要儘量掛滿整個品類區，太少不能有效產生視覺衝擊力。

⑶及開店經理、櫃組長、營業員保持友好關係，爭取得到有力支持。店內懸掛不要影響生意，最好選擇門店生意最差的時段進行。

2. 橫幅

橫幅在設計上色彩對比強烈，一般有兩種主色調，如紅色和白色等，與其他形式相比，橫幅的字跡大、字數，視覺衝擊力較大。

橫幅一般懸掛在主要繁華街區、賣場售點門口、社區，在促銷時使用。由於城市管理的加強，城市橫幅廣告的發佈主要以廣告公司代理發佈為主。

⑴與廣告公司達成橫幅發佈協定，內容主要涉及：發佈時間、地點、內容、數量、價格、備註說明及注意事項等，督促廣告公司製作。

⑵按發佈協議發佈，然後廣告公司將發佈清單交與企業，企業憑發佈清單進行檢查。一般發佈清單必須至少包含以下要素：發佈地點，橫幅規格，橫幅主題、數量，橫幅的高度，發佈人，發佈時間等。企業也可透過拍照進行控制。

⑶確保橫幅不影響交通及他人。一般應選擇晚上或淩晨車輛最少時進行，發佈的高度 4 米以上為佳，以防影響交通。

對售點、社區、農村的橫幅來說，其操作管理的主要方法如下：

⑴社區橫幅的發佈。以社區的入口處為主，這裏人流量大。社區發佈要處理好與社區居民委員會的關係。

⑵售點橫幅的發佈。以店門懸掛為主，其他地點為輔，懸掛高度應以 2.5 米為佳。懸掛前應與售點談好，爭取長時間懸掛。懸掛要結實、平齊，並進行定期檢查，其目的一是更換破損，二是清理灰塵。

⑶農村橫幅的發佈。目前橫幅呈現出由城市向農村延伸的趨勢。農村發佈橫幅是一種較為有效的廣告發佈形式，發佈的地點為鎮鄉主幹道、菜市場、集市等地方。行銷人員應注意定期監督。

3. 招貼畫

招貼畫又叫招貼廣告，包括文化活動的海報、商品廣告、公益廣告和宣傳畫等等，在賣場、街區、社區、城市、農村到處都能見到。它用鮮明醒目的色彩，概括有力的圖形，巧妙奇特的創意，再加上富有號召力的文字，達到宣傳鼓動的目的。

⑴招貼的類型

①社區粘貼。社區的重要路口、樓道口、單車棚、重要的人員聚集地是社區粘貼的最好位置。由於社區粘貼承載物表面不光滑，儘量用漿糊，可保持較長時間，要多使用連貼和排貼，以增強視覺衝擊力。

②農村粘貼。主要粘貼的地點是鎮、鄉的入口處、主要街道、農貿市場、電影院、鄉村的政府機構所在地、餐館等，在農村進行粘貼主要以漿糊粘貼為主，尤其是戶外粘貼。

③城市粘貼。除了社區、售點的廣告粘貼外，要注意菜市場主要街道兩旁等的粘貼，在產品的上市期尤其要注意廣覆蓋，另要根據產品的特點選擇一些重要地方粘貼。在城市進行招貼畫粘貼隨著城市環境保護的加強，難度越來越大，尤其街道兩旁。

④零售賣場粘貼。零售賣場的最佳位置為：門店大門的兩側、大門、店內位置、進門內的兩邊、收銀台、品類產品陳列區顯眼牆、柱

及貨架板上、堆頭週邊等。

⑵招貼的設計

①設計不規則異形貼，以在使用中引起注意，如三角形招貼，菱形招貼等。

②開發系列招貼突出產品的不同生命週期。

③設計民族文字招貼，突出不同的民族文化。

④開發公益性招貼，如 119、110、120 廣告、衛生防疫廣告等，將產品與企業名有效宣傳出去，透過活動可以與政府相關機構建立良好的關係。在產品成熟期此種方法更有效。

⑤設計頂貼，由於管理加強，許多大型商場能粘招貼的空間越來越少，企業可以根據實際情況開發一些適合頂貼形式的招貼畫，但頂貼並非指招貼整個平面貼在商場頂部，只是一小部份粘在頂部，主體宣傳部份必須垂直下來，讓消費者看到。

⑥招貼除了在零售賣場大量運用，還要注意在批發商的開票處及提貨處有效使用，以提醒工作人員推薦及零售商主動性進貨。

另外，企業還要根據不同促銷時期將招貼的訴求與其他媒體進行有效的組合與統一，從而達到傳播一致的效果。

⑶招貼的粘貼形式

為了有效引起消費者的注意，招貼在設計上主要有方形招貼(如「可口可樂」、「雪碧」、「芬達」等)、豎矩形招貼(如「匯仁腎寶」、「紅桃 K」等)、橫矩形招貼、條形招貼等，其中方形招貼和豎矩形招貼使用較為廣泛。

①橫向貼。有一張至連續幾張排列貼，主要表現：單張貼、雙連貼、橫排連貼。在使用連貼時每張招貼的邊沿必須上下對齊，中間沒

有縫隙。另外，招貼在貼完後要給承載物週邊留有空隙，並儘量使上下左右留下的空隙量對等。

②豎形貼。即將兩張以上，最多不超過五張的招貼畫從上至下粘貼，一般使用在比較豎直又窄的承載物上。農村的電杆上使用較多，或連排門的門面的中間牆體的朝街面上。

③品字貼。即將三張招貼畫按品字形粘貼，一般方形的招貼畫使用較為美觀。

④田字貼。四張招貼畫按田字形進行張貼，一般用方形招貼畫連排較為美觀，豎形粘貼和其他規格的粘貼儘量少用。

⑤大排面形貼。即任何一種形式的招貼畫，橫排三張以上加豎排兩張以上，或橫排兩張以上加豎排三張以上；或橫等值數量都在三排以上的集中粘貼。這樣的集中粘貼主要是在一些人流較集中的位置。

在招貼的粘貼過程中，要根據產品特點確定粘貼的位置，例如食品等招貼絕對不能粘貼在廁所及環境差的地方，不要與性病廣告粘貼在一起，高度以招貼畫的底部離地面的最低高度不低於 1.4 米為佳，以適於人的視覺習慣高度。另外，選定位置後招貼畫要保持潔淨，以給人留下一個良好的視覺印象。

4. 店門的懸掛

⑴根據不同的店門大小進行懸掛，儘量懸掛平整、豐滿、顯眼。

⑵高度在 2 米以上為宜，一般在店門正中央懸掛為佳。懸掛前，應熟悉懸掛點的情況，以便確定吊旗數量。

⑶懸掛完畢後要站在店門 5～10 米外觀看懸掛效果。如有其他廠家已懸掛，如果門店不同意換下，不可強行懸掛。

⑷爭取銷售及其營業人員的支持，以確保能長久懸掛。

⑸為了方便快速，懸掛中要利用門店的桌子或凳子進行懸掛，用完後毒掃剩餘的垃圾，並向門店表示謝意。

⑹掛完後要定期拜訪，確保長久懸掛，並檢查是否破損，如有破損應又時更換，有污垢要擦乾淨。

5. 櫃台貼、貨架貼

櫃台貼、貨架貼近年來被愈來愈多企業使用，其設置要點是：

⑴設計要根據通用貨架的特點進行設計，櫃台貼須小於、等於鏡面鋁合金寬度，貨架貼的寬度也必須小於、等於縫的寬度。

⑵內容要重點突出產品名、通用廣告語，次要突出商標、企業名、電話等。櫃台貼有單面膠和雙面膠兩種，貨架貼一般為單面貼。

⑶要加強與品類區營業員和收銀員的關係，確保粘貼順利實施並不被同類產品粘貼覆蓋和破壞。

⑷選擇粘貼位，從左至右、從上到下實施粘貼。儘量在品類區多進行粘貼，以增加廣告效果，增加購買力。要注意經常清掃和更換，保持好印象。

心得欄 ------------------------------------

第 14 章

銷售現場的理貨與導購

理貨管理就是銷售工作的指向標，良好的理貨管理可以使企業明白銷售工作的重心，指導下一步工作的方向，並且在維護客情關係、整理陳列商品、及時補貨、調換產品、記錄產品銷售情況、瞭解產品信息、佈置現場、廣告宣傳等方面具有十分重要的作用。

理貨是終端管理的一個重要方面，成功而科學地理貨，能夠刺激消費需求，促進購買，最終提升產品銷量。

一、終端商理貨工作是提升銷售量

俗話說：攻城容易，守城難。好不容易進了終端賣場，如果後期的商品陳列、維護工作跟不上，那麼前期所有的工作將失去意義。成功的理貨，能夠刺激消費需求、促進購買，從而提升零售量。它屬於一種無形的銷售。

商品陳列最終目的就是銷售。當你把貨擺進店面時，你便會希望透過商品陳列幫助店面儘快把貨賣給消費者。

成功的理貨，能夠刺激消費需求、促進購買，提升零售銷量，它是「無形的推銷員」，更是「無形的廣告」。據調查，有 70%的購物者認為，良好的陳列會誘使他們購物，只有 8%的顧客表示，他們在購物時不受陳列的影響。

例如，在超市內有展示的商品，比無展示的同類產品銷售額要高出 425%；價格牌在堆場和貨架上也很重要，大概有 65%的人，在購物時會查看價格；堆頭位置的變化將會引起銷量 150%～200%的變化。如果佔據黃金位置，則能有效提升銷售 50%；佔據公平的櫃台空間，可有效提升銷售量 20%；張貼大量的 POP，能起到「造市」的效果，可有效提升銷售量 25%。由此可見理貨對促銷行為的影響。

在現代化的超市裏，陳列著千百種不同品牌、不同包裝的商品。一分鐘內消費者至少要經過一百種以上的商品前，如何讓他們停下腳步，對你的商品發生興趣，進而購買你的商品，這是理貨需要解決的問題。

應透過良好的陳列來支援客戶的形象、銷售量和利潤。從對全國各大城市 30 餘家商場超市的追蹤統計看，規範化的陳列可使銷量較以前增加 30%～50%以上。

規範化陳列的好處在於：

⑴增加產品銷量，提高銷售人員業績；

⑵爭取最大的陳列空間，刺激消費者購買；

⑶加強店方對產品及銷售員的好感；

⑷增加消費者瞭解公司產品的機會，提高消費者的忠誠度。消費

者對產品的忠誠度培養，是從對產品的瞭解和好感而來的，加快商品流轉，使商店增加利潤。

二、終端零售商的工作內容

終端的理貨管理，實質上也是對終端產品進行有效的維護工作，目的就是展示良好的品牌形象，烘托行銷氣氛，借助產品行銷場景，最終促進產品的銷售。它是「無形的促銷員」，更是「無形的廣告」。終端理貨管理屬於終端管理的一個方面，需要經常、主動與規範性地對產品陳列進行管理，與其他終端管理形式配合協調，共同構築一個最佳形象展區。

企業建立了優秀的理貨隊伍，就要進行有效的管理。終端商的理貨管理，包括以下兩方面的內容。

1. 終端零售點陳列

終端零售點陳列就是在櫃台和貨架上，集中擺放本企業的產品，最好在全區域內陳列樣式、產品的擺放、價簽、貨托、宣傳單頁、派發形式等達到完美統一。

(1) 產品擺放

產品擺放能體現貨物陳列的一種美感和藝術性。陳列結構要依據產品外包裝的不同特點，突出它的整體美。佈置上要整潔、美觀，並依據不同地區的氣候特點擺放產品。正常情況下每週清潔產品 3～4 次，保持其良好的形象，給消費者一種自然、和諧的感覺。並盡可能將新進產品放在後面，原來產品放在前面。

⑵價簽

使用當地物價局允許的價簽，價格必須統一。價簽要求清晰，價格數字要清楚、正規、正確，禁止數字上的欺詐，不要有汙物。價簽要放置在顯眼的地方，背面緊貼產品，正面直對消費者，利於消費者識別。

⑶貨托

把要陳列的產品放置於貨托之上，體現產品的立體美感，使消費者便於清楚、全面、立體地觀賞產品。

⑷宣傳單頁

宣傳內容要突出產品的特點，對主要功能要做詳細的介紹。擺放要整齊。

⑸派發

營業人員、促銷人員、服務人員應有禮、有節，要適時、適人地派發宣傳單頁。派發前，最好應得到當地政府主管部門的同意，避免引起麻煩。

2.促銷陳列

促銷陳列是用於臨時性的產品推廣，或節假日的特賣活動所做的產品展示。展示區域應位於人流密集的顯著位置，應備貨充足，並大量使用 POP，渲染氣氛，營造市場。

產品擺放的要求有地點、位置、樣面、POP 等。

⑴地點

佔據黃金位置、主陳列區、人流密集區及相關商品區。產品如佔據以上的位置可迅速提升銷售。

⑵位置

在相關產品的櫃台和貨架上，將本企業產品放在購物行程的前沿，或同類產品的前沿。

⑶樣面

佔據比較公平的櫃台空間，將有助於提升銷售量的 20%。樣面要求達到橫向集中、縱向塊狀與利用空間的和諧統一。

以上幾點有利於形象整齊，產生廣告品牌效應，易於發現缺貨，不易被其他產品蠶食陳列空間，其中量感陳列可刺激購買，統一陳列暗示本產品具有穩定的品質與信譽。

3. 善用 POP

POP 是產品品牌主題形象的一種表現形式，在促銷現場，POP 可營造促銷環境氣氛，讓消費者在促銷現場感受到企業品牌的形象；POP 同促銷人員現場活動相結合，能形成銷售市場。

POP 包括掛旗（在銷售網站允許的範圍內，盡可能懸掛於明顯之處，有動態）、張貼畫（貼在利於消費者觀看的地方）、標識（在能夠體現企業形象或突出的地點展示企業的標識）、禮品（用於表示對消費者的一種感激之情或誘導之用）、門貼（用於玻璃門內外的張貼）、桌牌（用於產品標識、價格的展示）。

POP 主要佈置在以下場所：

①本產品擺在不顯眼的位置的專賣店內。

②在有本產品 POP 但已陳舊或無本產品 POP 的賣店內。

③在有空牆可供張貼 POP 的賣店內。

POP 的大量張貼和運用可起到造市的作用，可大大提升銷售量。

三、要與終端零售商建立良好客情關係

理貨員在理貨的時候，要學會與店面負責人及營業人員禮貌地打招呼，條件允許的情況下，和營業員聊聊天，贈送一些小禮品。一旦與店員建立了良好的客情關係，並且設法維護這種關係，那麼在這家賣場就不需要企業費時費力，理貨員要做的工作，營業員會替他做，甚至主動地向顧客推薦產品。

在中小型超市中，營業員工作的隨意性是很強的，他們往往可以把某品牌產品的陳列面變大，甚至可以換到位置較好的地方去。為了使我們的產品得到這樣的「待遇」，銷售人員要做的就是經常和他們接觸，在不影響超市正常工作的情況下，可以經常送一些如口香糖之類的小東西。以拉近雙方的距離，讓他們樂於幫忙。

一旦與店員建立了良好的客情關係，並且設法維護這種關係，那麼在這家賣場就不需要企業費時費力，理貨員要做的工作，營業員會替他做，甚至主動地向顧客推薦產品。

俗語說：「關係到，不怕產品銷不掉。」

對超市的理貨員來說，產品陳列是按照店長的吩咐進行排列的，而店長店面擺放的標準是根據銷售情況安排的，銷售情況良好的商品，當然會有一個好的陳列位，銷售情況不好的陳列位就不會好。但如果理貨員與超市的店長或主任關係好的話，理貨員就可以與之進行協調，很輕鬆地將自己產品放到一個好的陳列位。

當然，與客戶建立良好的客情關係，並不意味著對客戶的一味遷就和討好。如果遇到關鍵問題時還是應當及時指出。

例如，為了有效地在所有終端零售店開展「終端陳列比賽」，促進產品的銷量。某醫藥公司每月不定時監督公司的理貨情況，並進行考評(見終端藥房評分表)。

表 14-1　終端藥房評分表

年　月　日　填表人：　　　評分人：

序號	內容	分值	標準	打分要求	考評得分
1	陳列高度	10	藥房有無陳列位置，是否與顧客平視目光一致	有陳列位置未陳列者為0分，不合要求者扣5分	
2	陳列面積	10	(專櫃)每個藥店至少不低於3個大盒子、20個小盒子的陳列	少一個大盒子扣2分，少一個小盒子扣0.5分，扣完為止	
3	陳列藝術	10	企劃有創意，擺放有新意	有創意性陳列均打10分，無創意性陳列均打7分	
4	展板擺放	10	每個藥店要醒目位置擺放2塊不同內容的展板	少放一塊扣3分，位置不醒目扣3分，多一塊獎1分	
5	台卡展示	5	擺放在櫃台較顯眼的地方	檢查中本條可酌情扣分	
6	燈箱展示	10	藥房內有無放燈箱的位置，有燈箱牌匾的地方應該醒目、乾淨，定期擦拭維護	有位置但未放燈箱的藥房扣5分，有燈箱但不合要求的藥房扣5分	

續表

7	室內招貼	5	藥房有無招貼畫的擺放位置	有位置而未貼者扣5分	
8	室上招貼	10	藥店外有招貼畫	店外無招貼畫扣5分	
9	條幅懸掛	10	有無懸掛條幅	無條幅扣10分	
10	儀容儀表	5	衣著整齊不脫崗，站立服務不閒聊	脫崗扣10分，不穿白大褂扣5分，聊天扣10分，非站立服務扣10分，扣完為止	
11	產品知識	20	現場隨機抽取四道考題進行口試（促銷部長提前出20道試題，用檔案袋密封後，供考試當天使用）	根據試卷得分按比例折扣	
12	營業員首推率	15	非專櫃藥房營業員首推		
合計		120	實際得分		

總之，陳列很重要，消費者看不到就不會買，所以要擺在消費者最容易看見和拿取的地方，並且擺得越多越整潔越好。

四、終端商的現場導購人員

對於企業來說，當產品千辛萬苦進入強勢終端之後，導購人員的任務就是引導消費者購買自己的商品。導購人員的作用是在銷售現場「用嘴巴做廣告」，導購員用嘴巴做的廣告與媒體廣告相比，更有針對性，更詳細生動，更有感情色彩。

導購的任務就是引導消費者購自己的物，導購的特點是在銷售現場「用嘴巴做廣告」，而導購人員用嘴巴做的廣告,與媒體廣告相比，更有針對性、更詳細生動、更有感情色彩。

導購是企業和產品的形象代言人，是企業信息的傳播者和消費者思想的溝通者，是消費者所需產品與生活顧問，更是商店與消費者之間溝通的橋樑。

終端貨架上的產品琳琅滿目，新產品層出不窮，產品的技術含量越來越高，普通消費者已經很難憑自己的經驗和知識對商品的好壞、品質的優劣做出判斷。在購買現場，顧客很自然地將終端工作人員看成是這方面的專家。在顧客面對眾多商品猶豫不決時，終端人員的一兩句評價、一句簡單的提示和介紹，就可能對顧客的購買有決定性的影響。

在賣場上的販賣行為，本應由各商場的店員自行負責，但各商場為提高販賣技巧，或節省店員的配置，有時商場會要求各產品廠商自行派駐「商品導購員」在其賣場的櫃台上。

對於很多中小企業來說，當產品千辛萬苦進入強勢終端之後，對導購的需要比大企業更為迫切。他們已經深深認識到，導購就是引導消費者購自己的物。導購的特點是在銷售現場「用嘴巴做廣告」，與媒體廣告相比，這種方式更具針對性、更加詳細生動和富有感情色彩。

首先，在信息爆炸時代，廣告與促銷極易被目標受眾忽視。另外，品牌廣告的作用具有滯後性，促銷廣告又因為對產品介紹不足、沒有針對性，使消費者難以下決定。而導購人員直接面對目標受眾展開商品演示，介紹解答，進行充分的雙向溝通，針對性更強，這是品牌與推銷廣告難以達到的。

其次，品牌與促銷廣告具有告知產品與引導購買的作用，但是，最終消費者的購買達成會受到許多不可測因素的干擾。終端導購在消費者的購買現場起到臨門一腳的作用。

再次，導購還可以提升產品在通路中的競爭力。產品上市進入通路後，必須讓它馬上動起來，只有不斷地有人購買，才會不斷有重覆訂單，形成良性循環。

終端導購同時扮演著企業形象塑造、產品銷售、消費者服務、市場情報搜集、企業與終端及企業與消費者之間關係維護等角色。要在激烈的市場競爭中處於有利地位，使越來越挑剔、理性的消費者優先選擇自己，導購在企業終端運作中的作用功不可沒。

五、導購員的促銷技巧

（一）與顧客接觸

導購員應該注意顧客的舉止：

——顧客長時間凝視某一商品時，表示他對此商品發生了極大的興趣，這時較為合理的接近法是：「您好。請問需要幫忙嗎？」

——顧客反覆觸摸商品或仔細看相關的宣傳資料，表示他有深入瞭解的願望。

——顧客注視產品一段時間後，突然把頭抬起來，面向終端導購人員方向張望時；或在流覽過程中突然停下腳步，四處張望時，表示他需要諮詢。

——顧客一走進專賣展區，就開始仔細流覽某一商品，表示他已有決心購買心目中的意向商品，只是等待最後的確認。

出現上述情況時，導購員要把握機會，在短時間內就要初步判斷消費者類型與購買意向，以便決定採用那一種方式更為自然、適當地接近他。

當消費者在流覽某一商品不願被別人打擾時，可能會說：「我隨便看看。」我們可以說：「請隨便看一下，有什麼需要幫忙的，請隨時吩咐。」

如果你正在幫助其他人，可向一個正在等待的消費者打招呼：「很抱歉，請稍等一下，我這就為您做介紹。」同時，我們可以略微提高一些音量，以引起在場其他消費者的興趣。

當進來的客戶是曾經光顧或見過面的消費者時，可以採用比較自然的接近法。如：「您好。您面前的這種冷氣機是我們公司推出的最新產品，若您有興趣的話，我可以介紹一下。」

（二）瞭解消費者的需求

消費者的購買決策源於他們自己的想法，而非我們的想法，所以，我們應該瞭解消費者為什麼對我們的產品產生需求？

我們要有禮貌地問，問時還要思考，在深入提問的同時，真正瞭解消費者需求，可以向消費者說明(解釋)他所關心的各項問題。主動詢問消費者希望購買什麼樣的產品，想怎麼用，然後為消費者推薦合適的產品，還可以透過詢問來引導消費者，然後透過深入提問來重覆消費者需求；最後確認瞭解到的情況是否正確。

⑴觀察購買信號：仔細觀察消費者的表情，洞察他們心中的想法，找到消費者購買意願產生的線索。值得終端導購人員注意的是，千萬不要搶先告訴消費者他們需要什麼，而應讓他們先來告訴我們，然後根據他們的需要提出合理化建議，推介產品。

⑵提問題：引導消費者充分表達他們的需求。

「您買冷氣機是要放在多大面積的房間？」

「您想選購微霜冰箱還是無霜冰箱？」

⑶注意聽：千萬不要自以為知道消費者想要什麼，我們必須仔細聽他們所講的每一句話，而且要透過消費者的談話判斷他們最關心的問題。

（三）向消費者介紹產品利益

導購人員在客戶推介產品的時候，其口袋裏一定要裝著利益。那麼這個利益是什麼呢？導購人員帶給客戶的利益通常包括三個方面：

1. 產品利益

所謂產品利益就是產品帶給客戶的利益。我們出售的產品能夠帶給客戶什麼樣的利益呢？冷氣機，能夠讓人度過一個涼爽的夏季；白板能夠寫字；椅子能讓人舒適地坐下。這些都是產品帶給人們的利益，產品帶給客戶的利益是導購人員帶給客戶的最大利益。

當顧客說「你的東西價錢太貴了」時，你不要直來直往地回答「不貴，不貴」，因為這種答話是任何人都聽不進去的。你如果技巧地改成問話式的回答，效果就好多了，你可以說，「是有些高，但高價是因為產品品質優、售後服務好導致成本要高一些，這叫做多花一點錢買個放心，您說是嗎？」

2.差別利益

所謂差別利益就是競爭對手所不具有的利益，換句話說，就是用一些別人沒有的東西來吸引客戶。許多企業總結了一條競爭公式：「人無我有，人有我優，人優我新，人新我變。」也就是市場上還沒有這種產品時，首先推出新產品以吸引客戶，當別人紛紛上馬時則用優質的產品來取勝。

差別利益是導購人員吸引客戶的關鍵因素，也是我們企業在競爭中取勝的關鍵。你的產品和別的企業做得一模一樣，你就很難打動客戶。只有你的產品比競爭對手的更好，能夠給客戶提供一個差別利益，客戶才會鍾情於你。一個導購人員在與競爭對手競爭的時候，如果不能找出三條以上競爭對手沒有的差別利益，就很難在競爭中取勝。

當市場上產品同質化競爭比較嚴重時，企業又會將產品的競爭轉向服務的競爭，透過不斷帶給消費者與眾不同的利益來打動他們。

3.企業利益

企業利益就是企業帶給客戶的利益。我們的客戶在購買產品的時候，如果他覺得企業沒有知名度並且在客戶心目中的形象也不好，那麼，就可能不購買你的產品。如果我們的企業是一個規模比較大的公司，知名度高，重信譽及在客戶心目中的形象較好，那麼客戶就願意和我們的企業打交道。

（四）促使消費者成交

對導購員而言，要有「我一定要把產品賣給顧客」的想法。強烈的銷售意識是導購員對工作、企業、顧客和事業的熱情、責任心、勤奮精神和忠誠度的結果，能使導購員發現或創造出更多的銷售機會。

1. 建議購買

當消費者對一切都瞭解清楚後，建議購買就顯得非常重要了，建議購買執行要點如下：

⑴確認消費者是否已經對所想瞭解的事情完全清楚了，或可以詢問他們是否還有其他要求。

⑵當感到消費者基本滿意時，才能積極建議購買。

⑶要主動，但不要催促，更不能糾纏。

⑷建議購買的方法：

例如：「請問您準備選擇那個型號呢？」「這兩種產品都非常符合您的需要，我建議您不妨選一種功能最多的。」

除了把握好消費者成交的時機，還要注意一些技巧：

⑴瞭解消費者的傾向後，終端導購人員應加上要點說明以加深他的感受。不要再向消費者介紹新的產品，協助消費者縮小產品選擇的範圍，集中產品的展示賣點。幫助消費者確定他喜歡的產品功能、型號與款式。

⑵成交後要對消費者表示感謝，這會有助於他們離開時對我們留下一個好的印象。成交後可以有禮貌地請消費者向他人推薦我們的產品。若消費者無意購買，也應真誠地感謝他們的光臨，他們當中的多數會因我們的出色表現而再度光臨我們的專櫃。

2.處理顧客異議

客戶面對導購人員的銷售活動，會表現出多種多樣的異議，很多客戶之所以提出異議，大多不是由於他們真正反對，只要方法得當，都能使客戶異議朝著比較有利於成交的方向轉化。

顧客異議主要有以下幾個方面：

(1)價格異議

導購人員經常遇到討價還價的客戶。價格異議產生的原因有：

①客戶不瞭解你的產品。你的產品是新產品，或是在原產品基礎上又改進的一種產品，客戶不理解，他只知道過去的產品賣 10 塊，為何現在賣 15 塊錢呢？他對增加的 5 塊錢不明白。

②客戶經濟狀況、支付能力方面的原因。

③客戶基於同類產品或代用品價格的比較；可能你的價格真的高，別人賣 5 塊，你賣 10 塊，你的產品肯定賣不出去。

④習慣，僅僅出於習慣。

面對這種客戶，導購人員該怎麼辦呢？許多導購人員面對客戶「再便宜點吧」，就馬上說「可以，我給你優惠 5%」，這不是好方法。一定要記住，在企業的真空成本和費用不變的情況下，我們給客戶優惠 5%就意味著我們的純利潤要損失 5%，就意味著我們的銷售額要增長一倍，才能把降給客戶的這部份利潤給掙回來。因此，我們一定要講究討價還價的技巧，使我們在與客戶討價還價的過程中，處於比較有利的位置。

①把價格與支付的費用結合起來

我們每天少抽一盒香煙也無所謂，掉了一毛錢，你也懶得去揀它，但日積月累，這些錢加到一塊兒，就變成個大的數字了。把這個道理運用到銷售技巧中，告訴客戶，把我們的產品價格變換成日常支付的費用，就會讓客戶覺得我們的產品便宜。

②以最小的單位報價

我們常用的單位有噸、斤、米、個、台，優秀的導購人員常常是以出乎意料的方式向客戶報價。如電淋浴器是以台的做單位的，一台淋浴器的價格是三四百塊錢，或者七八百、一千多，而某位導購人員對客戶說：「每洗一次澡，只花 8 分錢。」讓你覺得這價錢很便宜。挖土機也是以台為單位的，一位優秀導購人員向客戶說：「每挖一立方米的土，只需一毛錢。」這就是以小單位報價的方法。商務中心是以間報價的，報價時不是說多少錢，而是每平方米 1 天多少錢，這都是以最小單位報價的。

③把價格與價值結合起來

價值，就是產品帶給客戶的好處。告訴客戶，你們掏那些錢買到的是能給你帶來多大好處的產品，而不只是告訴他你的產品需掏多少錢來買。要強調價值，這要求導購人員做到：先談價值，後談價格；多談價值，少談價格。

⑵貨源異議

產品異議。是指客戶已經瞭解自己的需要，但是卻擔心眼下這種產品是否能滿足這種需要而產生的異議。

①企業異議。與產品異議相聯繫，是客戶對銷售態度、銷售服務、同業競爭方面提出的異議。

②導購人員異議。是客戶針對某些導購人員並表示對他們不信任而提出的異議。

面對這種情況，導購人員既要提高自身服務品質，又要將客戶貨源異議信息及時回饋給企業，幫助企業改進各項工作，塑造良好的企業形象；還要運用各種技巧和方法改變客戶的主觀看法。

⑶財力異議

指客戶以沒錢購買產品的一種異議。這種異議有真實和虛假之分，導購人員要善於識別，採取妥善辦法處理。消費者可能並未完全信服我們的介紹和解釋，也許會說「我還要考慮一下」的話，這時我們可以透過適當的提問找出反對的真正理由。例如，「請問您還要考慮什麼問題？是不是我還有什麼地方沒有解答清楚？」在瞭解了消費者究竟是由於什麼原因不清楚或有疑問之後，做解釋和處理時要注意：

①不要馬上解釋或反駁，更不能與消費者爭辯。

②抱歡迎的積極態度，不能表現出一臉的不屑。

③聽清楚，並找出消費者的誤解和懷疑的真正原因。

④做解釋時，如遇消費者提及競爭品，要從正面闡述自身優勢，講述其他品牌不具備的優點，不要講競爭對手的壞話。

⑤要不斷核查消費者的反應。

⑥不懂時應及時與專業人員聯繫。

⑦當消費者說今天不買時不可冷落消費者。

3.運用說服工具

⑴保證書。保證書可分為兩類，一類為公司提供給客戶的保證，如一年免費保養維修；另一類為品質的保證，如獲得 ISO9000 品質認證。

⑵客戶的感謝信。有些客戶由於您公司的服務或幫助解決了特殊的問題致函表達謝意。這些感謝信都是一種有效的證明。

⑶統計及比較資料。一些數字統計資料及與競爭者的狀況進行比較的資料，能有效地證明您的說詞。

⑷專家的證言。您可收集專家發表的言論，證明自己的說明，例如符合人體工程學設計的椅子，可防止由於不良坐姿導致脊椎骨的彎曲等。

⑸推薦信函。其他高知名度客戶的推薦信函也是極具說服力的。

⑹成功案例。您可向準客戶提供一些成功的銷售案例，證明您的產品受到別人的歡迎，同時也為準客戶提供了求證的情報。

⑺公開報導。報紙、雜誌等刊載有關公司及商品的報導，都可以當作一種證明的資料，讓客戶對您產生信賴感。

總之，向準客戶證實您的銷售重點，您必須事先充分準備好最有力的證明方法。

對於很多中小企業來說，當產品千辛萬苦進入強勢終端之後，對導購的需要比大企業更為迫切。他們已經深深認識到，導購就是引導消費者購自己的物。導購的特點是在銷售現場「用嘴巴做廣告」，與媒體廣告相比，這種方式更具針對性、更加詳細生動和富有感情色彩。

對於很多中小企業來說，當產品千辛萬苦進入強勢終端之後，對導購的需要比大企業更為迫切。他們已經深深認識到，導購就是引導消費者購自己的物。導購的特點是在銷售現場「用嘴巴做廣告」，與媒體廣告相比，這種方式更具針對性、更加詳細生動和富有感情色彩。

第 15 章

獲取零售店員的協助

一、做好銷售零售店的公關效果

終端是產品銷售的場所，是連接產品和消費者的紐帶，是產品流通中最重要的環節。得終端者得天下，搶佔終端已成為營銷制勝的法寶。現代企業營銷成功的法則是，在競爭中誰控制終端市場，誰就是市場的贏家：喪失終端，就等於喪失了市場的前沿陣地。

正因為衆多企業都已認識到終端的重要性，於是終端就成了「兵家必爭之地」。大家都下大力氣拼搶有限的店面空間和貨架面積等終端資源。但值得注意得是，不僅終端要搶，同時公關也要强。因為良好的終端客情是順利拼搶終端資源的前提。即要搶終端先强公關，公關不强則終端難搶。所以說，不僅終端要搶公關也要强。在一定程度上，終端公關比拼搶終端更加重要，這有三層意思：

其一，如果沒有良好的終端客情關係，各項終端工作就難以順利開展；

其二，如果沒有良好的終端客情關係，有些終端投資就難以發揮其作用，而良好的終端客情就能夠使終端投資的效益最大化；

其三，終端公關本身就具直接的終端促銷力。

做好終端公關，與零售終端保持良好的客情關係，會讓你獲得以下益處：

⑴零售商願意向顧客推薦你的產品，並積極銷售你公司推出的新產品、新包裝；

⑵零售商願意讓你的產品保持較好的陳列位，主動做好理貨與維護；

⑶零售商願意讓你張貼 POP 廣告，並阻止他人毀壞和覆蓋你的 POP 廣告；

⑷零售商願意配合你的店內導購和店面促銷等活動；

⑸零售商願意接受你的銷售建議，願意在你的產品銷售上動腦筋、想辦法；

⑹零售商願意按時結款，並積極補貨，防止斷貨或脫銷；

⑺零售商願意向你透露有關市場信息和動態，尤其是競爭對手的情況；

⑻零售商願意積極主動地處理顧客對你產品的抱怨；

⑼感情關係可以彌補利益的不足，並容易諒解你的一時疏忽和過失。

終端公關的對象包括各個環節的相關人員，比如驗貨員、收貨員、倉管員、理貨員、營業員、櫃組長、賣場主管、財務人員和採購主管（或買手）等等。要順利開展各項終端工作，就離不開各級人員的幫助和支持，上至經理、店長，下到店員、理貨員，每一個環節都不能忽視，第一個環節都要做好日常的公關工作，一個都不能少。

終端客情是跑出來的，終端拜訪是維持良好客情關係的基本方法，良好的終端客情永遠屬於那些勤奮的終端營銷員。

大家要知道，那些零售店的櫃長、店員絕對不會看你職位的高低而決定幫不幫你的忙，而是看和你熟不熟。有些企業的大區經理或銷售總監下市場一線檢查終端工作時，來到零售店親自動手做陳列，但因與零售店的關係不熟，有的就被店員制止，有時甚至被櫃長罵一頓，這樣的情況還為數不少，而這些事情最後就由一個理貨員輕鬆完成了。

要保持與終端的良好客情關係，就要做好零售終端的日常拜訪工作。在做好終端拜訪的同時，終端營銷員要多掌握經理、櫃長和店員的個人資料，如家庭情況、性格、愛好和生日等，並建立起詳細的客戶資料與檔案，逢年過節或不定期地贈送一些小禮品，遇到經理、櫃長和店員生日時送上一份禮品與問候。如此，就由相互間的業務關係發展成私人間的朋友關係，建立起朋友般的感情。

終端友誼，不是一朝一夕就能做到的，關鍵在於要不折不扣、不斷循環地進行終端拜訪。終端拜訪是一個沒有終點的馬拉松，是一項長期、持續的工作，永遠沒有鬆懈的時候。那麼，如何才能保證不折不扣、不斷循環地進行終端拜訪呢？企業就必須建立一套「跑店系統」，依靠系統來進行管理，依靠系統來進行不斷的循環運作。

建立「跑店系統」的步驟如下：

①建立詳細的終端檔案，內容包括零售店的名稱、地址和營業面積，店員的姓名、生日和班次等等；

②把市場劃分為幾個區，為每個區配備相應的終端營銷員；

③對零售終端進行分級，把零售終端分為A類、B類、C類；

④根據終端類別合理確定拜訪週期，設定相應的拜訪頻率；

⑤繪製終端拜訪路線圖；

⑥制定「拜訪流程」，規定到一家零售店後要做那一些工作、如何做以及要達到什麼標準等等。

活動是一種很好的終端公關手段，活動為企業與零售商之間提供了一個溝通與交流的平臺，在活動中增加了彼此之間的聯繫，拉近了彼此之間的距離。企業可採取靈活多樣的方式，定期舉辦各種活動，如企業座談會、企業聯誼會、零售商慶功會、有獎徵答和有獎競猜活動等等，活動中間還可穿插一些企業和產品的知識介紹，通過這些活動既能聯絡感情、加深瞭解，又能宣傳企業和產品。

例如，家家樂超市是近幾年迅速崛起的連鎖超市，現在已經有一百多家分店。A牌奶粉進入家家樂連鎖超市已經幾個月了，但終端銷售始終沒有起色。企業決定加大終端宣傳和促銷力度，從而更好地與電視廣告配合，迅速提升賣場的銷售量。然而，因A牌奶粉進入家家樂超市的時間不算很長，與家家樂連鎖超市各分店的關係一般，因此在賣場宣傳和促銷上自然爭取不到家家樂超市各分店的有力支持。A牌奶粉要在家家樂連鎖超市加大終端宣傳力度，就必須解決以下問題：

①解決向超市派駐導購人員困難的問題。因為家家樂連鎖超市對同類產品派駐導購人員的企業做了限制，只允許兩三家企業的導購進店。對於初來乍到的A牌奶粉來說，導購人員自然就無法進場。

②爭奪最佳商品陳列位。儘管最佳陳列位要出錢購買，但由於想購買的企業很多，最終具體給誰，往往主要依靠企業與各分店的關係。

③爭奪超市促銷場地的。每到節假日，各企業紛紛推出促銷宣傳活動來吸引消費者，而促銷場地的安排、分配就完全依靠企業與超市的關係。

由於沒有家家樂超市各分店的支持，A 牌奶粉的終端遇到了很大阻力。而沒有地面終端推廣的有力配合，企業電視廣告的效果就要大打折扣。因此，終端推廣的問題必須儘快解決。

對於家家樂超市來講，常規的公關與溝通手段是行不通的。家家樂超市的制度很嚴，任何員工都不得接受企業的贈品、禮物。一旦發現則視為「受賄」行為，堅決予以除名，而且「行賄」企業的產品必須退場。

面對這種情況，公司應該怎麼辦呢？為此，A 牌公司精心策劃，專門針對家家樂超市制定了一套公關方案。

首先，給各分店的櫃長、店員每人發放一份「A 牌公司向您請教」的請教問卷和一本介紹產品特點的宣傳手冊，尊敬地稱這些店員為老師，並禮貌地詢問企業要怎麼做才能讓消費者儘快接受這個產品；A 牌奶粉應該如何做好終端工作；對於 A 牌這種產品來說，採用那些促銷手段比較有效以及您對 A 牌奶粉終端工作的建議和意見等等。

問卷填後，各店員、櫃長都倍感尊重，也都樂意做一回「老師」。「老師」當然願意毫無保留地給予「學生」指教，積極回答「學生」的問題，因此問卷加收率幾乎達到 100%。

「向您請教」的活動可謂一舉多得。其一，讓店員感受到了從未有過的尊重，密切了與櫃長、店員的關係；其二，通過請教，間接地讓營業員瞭解了產品的知識和特點；其三，企業也確實收到很多有價值的建議和信息。

緊接著，A 牌又推出「A 牌公司感謝您的指導」的答謝活動。凡答卷的「老師」都被 A 牌公司分批邀請，作為特邀嘉賓參加當地電視臺的一個現場直播的綜藝娛樂節目——「幸運週末」。「幸運週末」收視率很高，每期節目都會邀請一些著名的明星參加。

凡參加節目的店員，公司給每人發放了兩張入場券，可帶自己的家人或朋友參加。每位被 A 牌公司邀請的店員都感到意外的驚喜。

一到週末，被邀請的店員心裏想著要上電視了，而且又是現場直播，每個人都很重視，打扮得漂漂亮亮的。在企業的精心安排下，由電視臺派專車接送參加節目的營業員。

在晚會現場，無論是懸掛的廣告橫幅、嘉賓穿的廣告服，還是插播的電視廣告，都是 A 牌奶粉和家家樂超市各佔一半。節目進行過程中，氣氛非常熱烈，店員們都爭先恐後地參與各種娛樂游戲活動。節目一結束，早已準備好相機的 A 牌工作人員就抓緊機會，為店員和明星合影。

晚會散場時，凡參加節目的嘉賓都由電視臺贈送一個禮品，禮品盒內裝有 A 牌奶粉的促銷贈品，還有一張有經理親筆簽名的「感謝卡」。儘管禮品盒是 A 牌奶粉贊助提供的，但是以電視臺的名義作為嘉賓禮品發放的，所以企業並沒有違反家家樂超市的紀律。幾天後，A 牌公司就把整台晚會的實況錄影節目刻為光盤，給參加節目的店員每人贈送一張。

此活動連續進行了兩個月，收到了非常好的公關效果。在此後的工作中，各分店的櫃長和店員總是主動地向 A 牌提供盡可能多的幫助和支持。

二、要獲取零售店員的協助

零售商店員是第一導購員，是直接架構在產品與消費者之間的橋梁，在產品的流通過程中處於最前沿的地位，其對產品的銷售起著顯著的影響，可以說決定產品在終端的命運。因此，零售商店員作為在商品流通中的一個重要環節，應當引起企業的高度重視。

把零售商的店員培養成企業的業餘導購員，是切實穩固掌控產品終端的前提之一。因此，企業從分銷政策及策略上要充分重視對零售商店員促銷力的利用，並制定相應的措施以及提供相關的資源支持。

如何才能提升零售商店員的促銷力呢？零售商店員的促銷力主要取決於二大因素：第一，零售商的店員願不願意向顧客推薦你的產品；第二，零售商的店員會不會向顧客推薦你的產品。

店員願不願意推薦，主要看企業與店員的情感溝通，店員會不會推薦，主要看企業對店員的培訓和教育，讓店員瞭解產品，掌握豐富的產品知識和科學的推銷方法，同時，還要幫助店員提高銷售能力和技巧。這樣，才能提升店員的促銷力，增加產品的推薦率。

1. 與店員進行良好的溝通

據數據表明，產品陳列在最佳位置上能促進銷售量增長 20%；產品佔據最大陳列面能促進銷量增長 30%；有最佳的宣傳品配合能促進銷量增長 20%；而店員的直接推薦能促進銷售增長 60%。可以看到，與店員關係的良好協調是所有售點工作的基礎，對促進銷售具有立竿見影的效果，必須爭取他們對產品的完全認可和各種工作的有力支持。

要與店員進行良好的溝通，使其成為企業的朋友，對企業產生好感，從而使其更努力地推銷產品，以最大程度地提高企業在終端的認知率和美譽度。

要適當採取措施對店員促銷：如送小禮品、銷售競賽、銷售返利等充分調動店員的熱情，贈送《導購手冊》，提高店員的銷售技巧等。逢年過節，可不定期地給店員贈送一些小禮品，禮品要方便實用、有新意，不要總是送同一種禮品。遇到店員生日時，以個人名義送上一份賀卡和問候，最好將禮物送給本人，切記不要漏送。

2.要獲得店員的推薦

金獎、銀獎不如店員的誇獎，店員的推薦對產品的終端銷售起著舉足輕重的作用：

⑴貨架上的商品琳琅滿目，新產品又層出不窮，消費者面對衆多的商品常常感到無所適從。市場調查結果表明：當店員向消費者推薦某種產品時，約有 74%的消費者會接受店員的意見；除了電視廣告，店員對消費者購買的產品的影響大於其他各種廣告媒體。由此可見，在產品銷售中，店員確實能起到很大的作用。

⑵有些產品的技術含量高，普通消費者很難憑自己的經驗和知識對商品的好壞、質量的優劣作出判斷；絕大多數消費者對產品及其相關知識不懂或知之甚少，希望得到店員的指導與推薦。

⑶店員直接面對消費者，他們的意見對顧客帶有較强的引導性，

也就是說，產品的推銷權掌握在店員手中。店員是企業與消費者之間的紐帶，企業的信息需要店員傳遞給消費者。

因此，在購買現場，當顧客面對衆多的商品猶豫不決時，顧客往往將店員當成專家和顧問，店員的一兩句評價，或一句簡單的提示和介紹，就可能對顧客的購買行為產生決定性的影響。

就拿消費者購買藥品為例，據有關數據表明，50%的消費者對自己所需的藥品不瞭解；30%的消費者雖然瞭解所需藥品，但對品牌缺乏瞭解；另外 20%的消費者品牌忠誠度也不是很高。整體來說，近一半的消費者在購藥時，會因店員的介紹而改變主意。

所以，越來越多的企業把店員當成自己的「第一推銷員」，都想方設法來提升店員的促銷力，爭取把自己的產品作為店員的第一推薦目標，讓自己的產品爭取到更多的推薦機會。為此，企業要經常性對店員是否積極推薦產品進行審視。其內容包括：

⑴店員是否願意推薦本品牌？

⑵店員是否充分瞭解本品牌特點及使用方法？是否清楚瞭解產品對消費者的利益？是否瞭解本品牌與其他競爭品牌的區別與優勢？

⑶是否瞭解陳列的技巧？

⑷導購促銷員與店員是否有良好的溝通，是否建立起了良好的客情關係？是否對店員進行了適當的激勵。

通過以上方面的審視，充分評估店員在終端對本品牌的推薦是否起作用，並進行相應的策略性調整。

3. 對店員的促銷激勵

零售商店店員，除了從雇主處得到應得的正常薪金之外，還可以獲取企業的銷售獎勵。銷售獎勵是企業為了提升店員的士氣，鼓勵零售商店員的努力銷售而加以設計的，由企業負擔獎勵支出。

啤酒行業對酒店服務員進行激勵，比較常見的做法就是給服務員回扣獎勵(一般稱之為開瓶費)，每銷售一瓶給予一定金額的回扣，以提高其推銷產品的積極性。

例如：「虎牌」啤酒開展了針對酒店服務人員的促銷獎勵活動，只要服務人員向消費者推薦售賣了「虎牌」啤酒後，服務員可憑收集的瓶蓋向虎牌公司兌換獎品。如 12 個瓶蓋可換價值 5 元的超市購物券一張，瓶蓋愈多，收穫愈豐富。

4.培訓店員

店員產品知識的培訓是一項長期系統的工作，非一朝一夕可以作出效果，而且不能孤立地看待店員培訓，它應該是一個連續的營銷行為，一環緊扣一環並緊密地嵌在營銷計劃之中，必須和其他營銷活動緊密結合。

組織店員培訓，主要是把產品知識通過廣告傳播時受衆的無意注意轉為店員有針對性的有意注意，充分利用店員的注意力和時間，讓其記住你產品的特點、優點和利益點，並學會把產品介紹給其他潛在顧客。

例如：「陽光教育計劃」是史克在 OTC 領域設立的一個長期培訓項目，該項目由史克和中國非處方藥物協會共同策劃和執行，面向站在藥品銷售行業第一線的廣大藥店店員，旨在幫助他們提高業務素質。

培訓所涉及的知識包括常見病的診斷，非處方藥藥物品種及使用，相關法規及行業規範，櫃檯銷售技巧，陳列理貨及藥店基本管理知識等。

培訓分為三個重點，每個學習過程分為三步：第一步，遠程學習。參與者收到史克公司郵寄給他們的培訓資料後，進行為期二至四週的自學。第二步，面授座談。在自學完成後，史克會在展開培訓的城市安排面授培訓會，即安排一個約 3 小時的座談研討會，由非處方藥物協會派出專家到場，講授課程相關知識，解答疑難問題，並與大家討論座談。第三步，參加筆試。學員必須參加所有三個重點的三個步驟的學習並筆試合格，方能得到由非處方藥物協會頒發，在藥監局人事教育司備案的《藥店店員資質證書》。

「陽光教育計劃」取得了很好的店員培訓效果。店員不僅掌握了更多的專業知識，還接觸到了銷售技巧、藥店管理等領域的知識，開闊了眼界，增強了能力，從而可為消費者提供更專業、更週到的服務。

三、為何要對零售店員加以培訓

店員教育是指將產品的相關信息傳遞給店員，使店員熟悉產品知識，以期在櫃檯銷售中增加該產品推薦率的一種促銷方法。

以在藥局販賣的 OTC 藥品的銷售為例，由於藥品是一種特殊的商品，具有一定的功效作用和適用範圍，在用法和用量方面也有明確的規定，這就要求藥店店員熟悉並掌握這些產品知識，從而準確解答消費者的詢問並能將產品正確推薦給消費者。店員對某產品的特點和宣傳要點則主要是通過店員教育來認知的，店員教育成為店員獲取產品知識的重要途徑，可見藥店店員教育是 OTC 藥品重要的藥店促銷工作。

店員教育的方式多種多樣，可由藥店代表在對藥店日常拜訪中採取「一對一」或小規模店員教育會來進行店員教育；也可以一個區域市場為單位(通常是在一個城市內)，採取電影招待會或店員聯誼會(或店員答謝會)的方式開展店員集中教育；還可以有獎問卷的方式逐店進行店員教育。為使店員樂於接受店員教育並取得良好效果，無論採取何種形式的店員教育，要求做到場面活躍、氣氛熱烈、內容精簡、重點突出，時間以控制在 30 分鐘內為宜，並要發小禮品。

店員教育的目的是為了融洽公司與零售藥店的關系，使店員熟悉產品的知識，以提高產品的店員推薦率。從消費心理分析來看，消費者在去藥店購買藥品前有三種不同的心理狀態：一種心理狀態是消費者已經清楚決定購買什麼產品和什麼品牌的產品，如消費者已決定購買江中牌複方草珊瑚含片；第二種心理狀態是消費者已經決定購買某一類產品，但尚未決定買何種品牌的產品，最終選擇那種品牌到藥店現場再作決定。如消費者決定買一種能解決咽喉不適的產品，但未決定買那種品牌的產品，可能買江中牌複方草珊瑚含片，也可能買桂林產的西瓜霜噴劑，還可能買金嗓子喉寶或其他品牌產品；第三種心理狀態是消費者尚未考慮買那些產品，到了藥店再說。

參照食品和百貨業的統計：至少有 66%的消費者屬於第二和第三種心理狀態，他們要到售點現場再作出購買的決定，而購買決定往往受店員推薦和產品陳列的影響。第一種心理狀態的消費者又會怎麼樣呢？調查表明，隨著社會的進步，物資不斷豐富，消費者選擇的機會越來越多，對品牌的忠誠度也就越來越低。進藥店前準備買某種品牌產品的消費者，在店員的熱情推薦下，很可能改變自己原來的購買決定。尤其是在新產品上市的初期，品牌概念尚未建立，消費習慣尚未形成，此時店員的推薦比產品陳列對消費者購買決定的影響更大。通過對 A 市 30 家藥店 180 名消費者的隨機抽樣調查表明，有 70%的消費者接受了店員推薦的產品。由此可見，店員推薦率對藥店銷售影響甚大，已成為衡量藥店促銷成效的一個重要指標。

小型店員教育包括「一對一」的店員教育和小型店員教育會議，是藥店代表的工作之一。適時成功地開展小型店員教育是藥店代表的基本技能。「一對一」的店員教育通常在某藥店的目標櫃組中出現新的臉孔時進行。新臉孔的出現可能是藥店新增了營業員，也可能是其他櫃組人員調換。到一個新崗位的店員，相對其他店員而言，對所在櫃組的產品大多不太熟悉，他們比較樂意接受外界帶來的產品信息，此時及時對他們進行店員教育效果較為思想。「一對一」的店員教育，要注意避開營業的高峰時間而選擇比較空閑的時候進行。地點可以選在藥店的一角或櫃檯前。將產品知識介紹完後應留下書面資料並請對方有空時閱讀，最後送給禮品並致謝，給對方留下一個良好的第一印象。

當發現本公司的產品在某一藥店的銷量與該藥店所處的環境、藥店的規模、實力明顯不符時，或該產品在此藥店中銷量明顯低於競爭產品，而產品無論在品牌、陳列、宣傳力度和價格體系等方面都不比競爭品種遜色時，往往可以從店員推薦率上找到答案，此時及時召開中型店員教育會是解決這一問題的正確途徑。開好小型店員教育會的前提是與藥店維持良好的關係以取得藥店經理或櫃組長(班長)的支持。公司安排店員教育費用，除資料、禮品費用外，應給藥店代表提供一定數量與藥店經理、櫃組長(班長)的交際費。召開小型店員教育會議需事先徵得藥店經理或櫃組長(班長)的同意，並與之商定會議的時間、地點、參加的人數等等。大多數藥店實行的是兩班輪換工作制，小型店員教育的時間可選擇在兩班店員交接班時，可約好接班的店員提前 20 分鐘到達，先對這一批店員進行店員教育，然後換另一班，如能請店經理或櫃組長(班長)出面協調好兩班的工作，同時進行則更好。地點由店經理或櫃組長(班長)安排，通常是安排在店經理辦公室或藥店會議室。參加的人員應包括：店經理、櫃組長(班長)、目標店員，如有藥店導購員、採購員、坐堂醫生也可邀請。

小型店員教育會的程序一般是：歡迎致謝後，介紹產品知識，然後安排一些有獎搶答或趣味游戲等活動，目的是加深店員對所介紹的產品知識的印象，最後發放資料和紀念品，並請店員朋友多推薦該產品。

四、零售店員的培訓項目

常見的幾種店員培訓形式有，店員集中授課培訓、有獎問卷、一對一店員培訓、新產品認知推廣會，或通過店員聯誼會來進行店員培訓。

1. 店員培訓項目

店員集中授課培訓操作細節如下：

①企業介紹，可以放映介紹本企業歷史、未來和經營理念等情況的碟片或幻燈片以及其他宣傳資料；

②產品介紹；

③針對零售市場銷售品種，進行公司產品及相關背景知識介紹，強調產品最重要的若干賣點(有兩三個就足够了)；

④店員如何做好終端工作。如：怎樣讓進店的顧客都有所消費？怎樣增强店員推薦的信服力？怎樣佈置櫃檯上的產品陳列等；

⑤零售商管理知識；

⑥產品促銷活動的操作辦法。

如能在培訓之前將所要培訓的內容和部分店員事先溝通，明白他們的需求，會取得更好的效果。

2. 產品知識培訓

產品知識培訓的關鍵是讓店員記住產品知識，可把本企業產品知識創造性地編成店員容易記憶的方式，方便店員記住培訓內容。下面幾點可以借鑒：

①生動活潑有趣是首要條件。把產品知識編成順口溜，在培訓時進行現場記憶比賽。把產品功能和特點通過圖片來進行說明。

②最好是用手提電腦配上電腦投影儀，把授課內容編排成幻燈片來講課，編排生動有趣，可提高店員興趣。

③通過與店員一起分析產品特點、優點，最後把產品賣點(利益點)總結出來。關鍵是用普通消費者就能明白的語言來說明產品的賣點(即消費者購買的理由和購買後得到的利益)。

3. 培訓技巧

在培訓活動中，為能調動店員的參與積極性，在形式上可採取有獎問答、競猜等活躍氣氛的手法。在介紹產品前，可先告知參會店員有獎問答的基本情況，以使他們能注意聽講。為了進一步加强店員對產品知識的記憶度，可把要培訓的產品知識設計成各種問答題，最好能挑出產品最强的賣點、最能打動顧客的說法來提問，在講授中間或者結束時現場進行有獎搶答，答對者即可獲得禮品一份。提問時，盡可能事先讓業務員弄清各店店員的名字，點名來提問，效果會更好。

注意店員回答一般不可能十分準確，培訓者操作時要大聲重覆正確答案，以便經過重覆使店員記住產品知識。

有獎問答應由終端業務員來完成，一是加深終端業務員給店員的印象，二是獎品由業務員發給店員時，店員會感激業務員，以後業務員開展終端拜訪工作就容易多了。

小禮品是加强企業和店員關係的一個重要方法，不可沒有，否則會影響其以後來聽課的積極性。培訓完後凡來參與者每人發放小禮品一份。記住不可在講課前發放，否則個別人會提前退場。小禮品的選擇標準有兩條：新穎、有趣和實用，價值不一定很高。

4.有獎答卷法

⑴有獎答卷目的

通過有獎答卷，讓店員熟悉產品知識。店員要正確回答答卷上的問題，就會看相關的宣傳資料，以找到正確答案，然後把答案填寫在答卷上。通過這兩個過程，可把店員對宣傳信息的無意注意轉化成有意注意，從而讓店員記住產品的特點和相關知識。

⑵有獎答卷設計

①答卷圖案設計：有趣、有吸引力，店員拿著即不願放下，最好是彩印。

②答卷問題設計；題型有填空、選擇、問答題三種。可以設計成雙面，一面是產品知識說明，一面是問卷，這樣方便店員找尋答案。

⑶有獎答卷法操作技巧

①產品知識宣傳資料必須與有獎答卷同時發放，如是雙面印刷，則一面是產品知識，一面是答卷，一次發放即可。

②有獎答卷發給銷售和有可能銷售自己產品的店員，不可一個店所有人都發放答卷。

③答卷發放後三天到一週內，業務員要督促店員填寫，並一再說明肯定都有獎品或禮品。並且要在一週內派人員自己收回，時間長了店員可能忘記或者丟了答卷。也不可讓店員自己寄回，否則回收率很低。如果實在人手不够，就把寫好的郵寄地址和貼好郵票的信封，隨同答卷一同發給店員。

④回收時相同字體的答卷(一人多卷)視做無效，以防止一人填寫多張答卷的現象，未完成答卷的也做無效處理。

例：華夏公司舉辦餐飲業經理人培訓班

華夏公司發現餐飲酒樓是目標群體消費乾紅最主要的場所，而酒樓的樓面部長和經理在客人點菜的同時就可以有效地向客人介紹酒水。如果這個群體能够成為「華夏葡園」幹紅口碑傳播的中堅力量，將大大增加產品銷售的機會，並可以節約更多的傳播資源。

同時，華夏公司還瞭解到：一方面，對於在高檔酒樓工作的員工來說，這一群體面臨著非常大的競爭壓力，他們需要不斷地進行自我的提高和突破，以便有更大的發展空間；另一方面，對於高檔酒樓來說，他們也非常希望自己的員工能够快速成長，從而給客人提供更好的服務。

於是，華夏公司超越了一般酒業公司那些庸俗的公關行為，聯合餐飲協會，推出了「餐飲業職業經理人培訓班」，面向酒樓的樓面部長和經理進行免費的培訓和教育。他們邀請香港知名的培訓講師系統地進行紅酒知識、管理技能和溝通技巧等方面的培訓，對於成績合格者還須發結業證書。同時，通過舉行培訓班，華夏公司還建立了 70%以上高檔酒樓的餐飲部長和經理的檔案。此終端公關的創新，給華夏葡園在主力通路的銷售起到了很好的推動作用，使華夏葡園在高檔酒樓形成了良好的口碑傳播力量和銷售態勢。

⑷有獎問卷

有獎問卷是指將產品知識以問卷的形式請店員問答並給予獎勵的一種常用而且簡單易行的店員教育方式。有獎問卷可以選擇一家藥店單獨進行，也可以選擇數家或數十家或更多的藥店在同一時期較大範圍地進行，還可以配合「一對一」的店員教育、小型店員教育會、電影招待會、店員聯誼會、店員答謝會等店員教育形式一併進行，以達到更好的店員教育效果。

有獎問卷通常是將產品知識印在正面，圍繞產品知識及提醒店員推薦的產品宣傳要點歸納成 4～5 個小問題(如同時介紹 2 個或 2 個以上的產品則加倍)，並將問題印在背面。問題的答案要明確、簡捷、易答、易記憶，可以設計成選擇題供店員選擇。問題一般包括產品的品牌、作用、特點、服法等方面的知識。問卷中還可以視需要作一些銷量、廣告效果、價格意見等方面的調查。還應將獎勵規則、獎品名稱印在問卷的醒目位置。

以下是江中製藥集團公司為配合在某市召開的一次店員答謝會而設計的有獎問卷內容：

有獎問卷內容

1. 活動公告

茲定於___月___日在___影院舉辦江中製藥店員答謝會，歡迎光臨！

參加對象：凡持有江中製藥公司邀請函的藥店店員。

現場搶答，輕鬆得獎：具體獎及獎品見現場海報，機會多多，獎品多多，抓緊準備，不要錯過。

佳片有約，一睹為快，屆時將上映___國故事片《______》（________主演）。

此次活動解釋權歸江中製藥__________公司，聯繫電話：××××××。

2. 真實填寫，幸運在手

填好卷後，投入現場抽獎箱，將抽出若干名獲獎者，具體現場海報。

姓名：　　　　　　　　　身份證號碼：

店名：　　　　　　　　　聯繫電話：　　　　　　　　地址：

⑴本店「草珊瑚含片」的價格為　　　　元/盒，批號為：　　　　每月大約銷售

________盒。

⑵本店「江中健胃消食片」的價格為　　　元/盒，批號為：　　　每月大約銷售 ________盒。

⑶你認為何種宣傳方式更有效？

□活動　□張貼畫　□條幅　□立體桌牌　□宣傳冊

⑷你對我們的建議是：

____

____

3. 現場搶答，輕鬆得獎

A1. 新一代草珊瑚含片：

[1] 無糖配方　　[2] 有糖配方

A2. 無糖草珊瑚含片更

[1] 有利於治療咽喉炎　　[2] 有利於治療食道炎

A3. 大片草珊瑚含片更適合於

[1] 成人　　[2] 兒童　　[3] 老人

A4. 江中健胃消食片是

[1] 純天然中藥製劑　　[2] 西藥製劑

A5. 江中健胃消食片的特點

[1] 健胃　　[2] 消食　　[3] 健胃加消食

B1. 新草珊瑚含片的特點是什麼？

B2. 無糖草珊瑚含片為何更利於治療咽喉炎？

B3. 江中健胃消食片適用於那些症狀？

B4. 江中健胃消食片為何最適用於兒童？

問卷的發放及獎品的兌現：由藥店代表將印有產品知識、問題、獎勵規則、獎品名稱的宣傳資料（問卷）發給目標店員，請店員在熟悉產品知識之後限期填答好，在藥店代表下次拜訪該店時收回。問卷收回後，根據問卷中規定的獎勵規則或採取幸運抽獎的方式，或採取評獎的方式確定獎勵等級，若以評獎的方式則 5 個全部答對為優秀，一等獎；5 個對 4 個為良好，二等獎；5 個對 3 個為及格，三等獎；其餘為紀念獎。選購獎品應以美觀、實用為原則。由藥店代表負責發放並設計好表格請店員簽收。

⑸獎勵兌現

①獎勵面要廣，可設置三到五個層次的獎勵標準，獎勵以價值相等的實物為主，這樣，相同數目的獎勵金額可以提供更多的物品。此外，凡是認真填寫了答卷的店員，都可獲得一份紀念品。

②發獎地點可選在一個公共場所，如露天廣場等，場地佈置和通知店員可以參照店員講座培訓的方式來操作。

③發獎現場還可以再次講解產品知識和開展現場有獎問答活動。

④發獎時可以做些技巧處理，一是儘量把大獎發給賣自己產品多的店以及相應櫃檯的店員，以促進其更積極地推薦產品，二是要盡可能發給到現場的人員。

例如：雲南白藥公司先把店員集中起來進行培訓，當然目的是讓店員掌握豐富的產品知識。但對店員進行培訓已不是什麼新招，不僅雲南白藥在做，其他企業也同樣在做，此舉早已司空見慣。

那麼，如何才能保證培訓效果呢？如何才能提高店員瞭解產品的積極性呢？雲南白藥的做法就很有創意。雲南白藥開展了一個「神秘客人」的活動，在培訓之後，公司就會派一個店員不認識的人到目標藥店詢問該產品的情況，如果該店員能夠正確回答所有的問題，幾天後就會收到公司的一份禮品。「神秘客人」的活動刺激了店員對產品進行瞭解的積極性，同時也促使店員接待好每一位咨詢該產品的顧客，因為說不定這位顧客就是那位「神秘客人」哩。

5.店員培訓案例

在新產品上市的初期，為了配合新產品的上市，爭取在較短的時間內讓同一城市中絕大多數店員瞭解某一產品，通常採取電影招待會、店員聯誼會或店員答謝會的形式對店員進行集中教育。

前者是以電影和紀念品吸引店員在同一時間到電影院，利用電影放映之前開展店員教育。後者多在歲末年初或節假喜慶之日邀請店員參加聯誼會，活動中主持人巧妙地將產品知識穿插於節目之中，從而達到店員教育的目的，如：關於產品知識的有獎猜謎、關於產品知識的有獎競答、專家現場答疑等。以電影招待會的形式開展店員集中教育的優點是：實施難度較小、現場容易控制、計劃準備的時間短。缺點是：店員上座率低(與電視的普及和電視節目的豐富有關)。以店員聯誼會或店員答謝會的形式開展店員集中教育的優點是：能較好地增進藥店代表與店員之間的感情、融洽公司與藥店的關係，同時又對店員開展一次別開生面的店員集中教育。缺點是：實施難度較大、節目的製作與編排、會場的佈置與設計、主持人的經驗與水準的要求都比較高，稍有疏漏都可能影響到會議的效果，甚至出現場面混亂而難以控制。

開展店員集中教育活動前，應擬定店員集中教育方案。店員集中教育方案的主要內容包括：目的、形式、時間、場地、參加對象、會議程序安排、費用預算、考評辦法等。店員集中教育的目標主要從店員受教育的人數和效果兩方面作出規定。形式可視情況選擇電影招待會或店員聯誼會。時間應連續安排兩天或兩次，以保證每班店員都能有時間參加。場地應考慮大多數店員的方便，多在城市中心地段選擇，儘量選靠近公共汽車站點、有足够的自行車停車位的影院或賓館，內部設施要求完備，工作人員配合度高，會場佈置要求親切、大方。參加的對象應包括：店經理、櫃組長(班長)、店員、導購員、藥店坐堂醫生，如果以店員聯誼會的形式，條件還可適當放寬。電影招待會費用應包括：影院租金、飲料、場地佈置、紀念品、獎品等。店員聯誼會費用應包括：場租、會場佈置、禮品、飲料、節目製作費等。店員受教育面的評估可從會議實到人數方面作出評判，店員教育的效果可通過對店員推薦率的調查作出評價，如評估結果不理想，可通過藥店銷售代表進行小型店員教育加以彌補。

下列是 OTC 藥品的店員培訓做法：

經理、朋友們：下午好！

十分感謝大家參加今天的江中感冒止咳顆粒產品介紹會！貴店多年來一直銷售我公司的複方草珊瑚含片和江中健胃消食片產品，並在我日常的工作中給予大力的支持與幫助，首先我要代表江中製藥集團公司和我本人對各位朋友們對江中事業的支持表示衷心感謝！下面請允許我佔用大家幾分種的時間，介紹我公司新推出的又一個 OTC 藥品——江中感冒止咳顆粒(展示樣品)。介紹完之後，我會圍繞介紹的知識提幾個問題，誰先回答正確，將會得到一份獎品(展示獎品)。

江中感冒止咳顆粒是江中製藥集團公司繼成功推出複方草珊瑚含片、江中健胃消食片之後重點推廣的又一個 OTC 藥品。江中感冒止咳顆粒的功能正如該名稱一樣，既能治感冒又能止咳嗽，一舉兩得。對於感冒伴有咳嗽症狀的患者尤其適合。江中感冒止咳顆粒的另一個特點是：純中藥製劑，不含任何西藥成分，安全有效，對於老人感冒、小孩感冒、婦女感冒、身體虛弱的人感冒或咳嗽都非常適合。此產品我公司近期將投放廣告和安排藥店促銷活動。全國統一零售價是 125 元/盒。

下面我提幾個問題，請大家搶答：

1. 江中感冒止咳顆粒是針對什麼病症的？(感冒、咳嗽)

2.江中感冒止咳顆粒有那兩大特點？(一是治感冒、止咳嗽一舉兩得，二是純中藥製劑，安全有效)

3.江中感冒止咳顆粒特別適合推薦給那些患者？(一是感冒兼有咳嗽者，二是老人、小孩、婦女和身體虛弱患感冒或咳嗽者)

4.江中感冒止咳顆粒的零售價是多少？(125 元/盒)

藥店店員集中教育方案

目標：7 月 31 日之前，A 市 200 家納入 OTC 藥品終端管理的 A 級和 B 級藥店中，銷售我公司產品的店員，集中接受一次有關江中複方草珊瑚含片、江中健胃消食片的產品知識教育，使江中集團公司產品在以上目標藥店的店員推薦率保持或達到同類競爭產品中的第一位。

形式：電影招待會。

時間：第一次：2013 年　月　日下午 3：00～5：00；第二次：2013 年　月

__日下午 3：00～5：00。視 A 市 7 月份的電影節目安排可在 7 月 1 日至 7 月 31 日之間作適當調整。

人數：A 市所有納入 OTC 藥品終端管理的 A 級、B 級藥店中的，與銷售江中複方草珊瑚含片、江中鍵胃消食片有關的店經理、櫃組長(班長)、店員、藥店導購員。一天安排 600 個、兩天共計 1200 人。由五位 OTC 藥品代表負責邀請。

場地要求：

①地段優先原則；以靠近市中心地段為佳。

②環境優先原則：外部環境要求門口或附近 100 米內有 500 位以上的自行車停車位，離公共汽車站臺較近，週圍 500 米範圍內無房屋拆遷或建築施工；內部環境要求有能容納 600 人的豪華影廳，內設冷氣機、立體音響，有錄像帶和幻燈投影設施、能提供無線麥克風、能懸掛橫幅。

③服務優先原則：影院工作人員能積極配合我方人員的工作，影院負責人、放影員、設備維修人員、音響師等工作人員能堅守崗位、熱情服務。

④價格優先。

會場安排：

①場外佈置：氣模廣告置於影院前廣場，下懸「熱烈歡迎藥店朋友們光臨江中電影招待會！」和「江中製藥集團公司向各位藥店朋友們問好！」。

②場內佈置：銀屏字幕「熱烈歡迎各位藥店朋友前來參加江中電影招待會！」、「草珊瑚含片產品知識幻燈片」、「江中製藥集團公司感謝您！」交替映出。產品知識每屏停留 3 分鐘，問候語每屏停留 1 分鐘。

③放映室：準備江中企業及產品介紹錄像影帶、相關幻燈資料，播放程序和要求事先向放映員交待清楚。

④入口處：影院入口處有路牌指示：「參加江中製藥集團公司電影招待會來賓由此進場」。大門正上方掛橫幅「江中製藥向各位藥店朋友們問好！」。請店員在入口處簽到並由 OTC 代表為參會店員發放飲料、贈品和紀念品。

店員教育程序：(正式開會前 30 分鐘)客人開始入場、領發飲料和草珊瑚含片贈品和紀念品→場內休息、觀看江中產品知識幻燈→主持人開場白→播放江中企業及產品知識錄影節目→請產品經理或相關醫學專家介紹產品知識→主持人即興提問(答對給獎品)→放電影。

經費預算：共計 11880 元。其中影院場租：3000 元/場×2 場＝6000 元；飲料：1200×1 元/人＝1200 元；會場佈置：橫幅製作 150 元+幻燈製作 250 元＝400 元；紀念品、獎品：獎品電子檯曆 40 只，紀念品為指甲剪五件套 1200 只，共 4000 元；攝影、攝像：攝影 80 元+攝像 200 元＝280 元；草珊瑚含片贈品：1200 盒(公司另發)。

心得欄 ----------------------------------

附：邀請函(代入場券)

效果評估：店員集中教育結束後 10 天，再由辦事處組織檢查組對目標藥店的店員教育效果進行檢查評功估。考評採取「神秘顧客」的方式對目標藥店的店員推薦率抽樣調查。店員推薦率未達標及未參加店員集中教育的店員由藥店代表安排「一對一」的店員教育。

電影招待會的店員到會率一般不超過七成，以江中製藥集團公司 2012 年 7 月在 A 市召開的店員招待會為例，單場共發出邀請函 850 張，實際到會的店員為 459 人，佔邀請人數的 54%。提高店員到會率可以從幾個方面考慮：

①精心選好大多數店員喜愛觀看的影片。挑選影片要注意挑選在該城市剛剛上映的國內外有一定影響的，媒體作過一定宣傳的大片、巨片，要考慮藥店店員以青年女性居多的特點，挑選大多女性較為喜愛的家庭生活片，避免選警匪槍戰之類的影片。

②藥店代表在給店員發放電影招待會邀請函時，請藥店經理或櫃(班)長調好班，儘量讓更多的店員能有時間參加會議。

③美觀實用的紀念品對一部分店員來說比看一場電影的吸引力還要大。

④電影招待會規模的設計通常以店員 70%以內的到會率為宜。如計劃召開 700 人規模的電影招待會，則應發出 1000 份邀請函。

臺灣的核心競爭力，就在這裏！

圖書出版目錄

下列圖書是由臺灣的憲業企管顧問（集團）公司所出版，自1993年秉持專業立場，特別注重實務應用，50餘位顧問師為企業界提供最專業的經營管理類圖書。

選購企管書，敬請認明品牌：**憲業企管公司**。

1.傳播書香社會，直接向本出版社購買，一律9折優惠，郵遞費用由本公司負擔。服務電話(02)27622241 (03)9310960 傳真(03)9310961

2.付款方式：請將書款轉帳到我公司下列的銀行帳戶。

· 銀行名稱：合作金庫銀行（敦南分行） 帳號：**5034-717-347447**
公司名稱：憲業企管顧問有限公司

· 郵局劃撥號碼：**18410591** 郵局劃撥戶名：憲業企管顧問公司

3.圖書出版資料每週隨時更新，請見網站 www.bookstore99.com

經營顧問叢書

25	王永慶的經營管理	360元
47	營業部門推銷技巧	390元
52	堅持一定成功	360元
56	對準目標	360元
60	寶潔品牌操作手冊	360元
72	傳銷致富	360元
78	財務經理手冊	360元
79	財務診斷技巧	360元
86	企劃管理制度化	360元
91	汽車販賣技巧大公開	360元
97	企業收款管理	360元
100	幹部決定執行力	360元
122	熱愛工作	360元
125	部門經營計劃工作	360元
129	邁克爾·波特的戰略智慧	360元
130	如何制定企業經營戰略	360元
135	成敗關鍵的談判技巧	360元
137	生產部門、行銷部門績效考核手冊	360元
139	行銷機能診斷	360元
140	企業如何節流	360元
141	責任	360元
142	企業接棒人	360元
144	企業的外包操作管理	360元
146	主管階層績效考核手冊	360元
147	六步打造績效考核體系	360元
148	六步打造培訓體系	360元
149	展覽會行銷技巧	360元

150	企業流程管理技巧	360 元
152	向西點軍校學管理	360 元
154	領導你的成功團隊	360 元
155	頂尖傳銷術	360 元
160	各部門編制預算工作	360 元
163	只為成功找方法，不為失敗找藉口	360 元
167	網路商店管理手冊	360 元
168	生氣不如爭氣	360 元
170	模仿就能成功	350 元
176	每天進步一點點	350 元
181	速度是贏利關鍵	360 元
183	如何識別人才	360 元
184	找方法解決問題	360 元
185	不景氣時期，如何降低成本	360 元
186	營業管理疑難雜症與對策	360 元
187	廠商掌握零售賣場的竅門	360 元
188	推銷之神傳世技巧	360 元
189	企業經營案例解析	360 元
191	豐田汽車管理模式	360 元
192	企業執行力（技巧篇）	360 元
193	領導魅力	360 元
198	銷售說服技巧	360 元
199	促銷工具疑難雜症與對策	360 元
200	如何推動目標管理（第三版）	390 元
201	網路行銷技巧	360 元
204	客戶服務部工作流程	360 元
206	如何鞏固客戶（增訂二版）	360 元
208	經濟大崩潰	360 元
215	行銷計劃書的撰寫與執行	360 元
216	內部控制實務與案例	360 元
217	透視財務分析內幕	360 元
219	總經理如何管理公司	360 元
222	確保新產品銷售成功	360 元
223	品牌成功關鍵步驟	360 元
224	客戶服務部門績效量化指標	360 元
226	商業網站成功密碼	360 元
228	經營分析	360 元
229	產品經理手冊	360 元
230	診斷改善你的企業	360 元

232	電子郵件成功技巧	360 元
234	銷售通路管理實務〈增訂二版〉	360 元
235	求職面試一定成功	360 元
236	客戶管理操作實務〈增訂二版〉	360 元
237	總經理如何領導成功團隊	360 元
238	總經理如何熟悉財務控制	360 元
239	總經理如何靈活調動資金	360 元
240	有趣的生活經濟學	360 元
241	業務員經營轄區市場（增訂二版）	360 元
242	搜索引擎行銷	360 元
243	如何推動利潤中心制度（增訂二版）	360 元
244	經營智慧	360 元
245	企業危機應對實戰技巧	360 元
246	行銷總監工作指引	360 元
247	行銷總監實戰案例	360 元
248	企業戰略執行手冊	360 元
249	大客戶搖錢樹	360 元
250	企業經營計劃〈增訂二版〉	360 元
252	營業管理實務（增訂二版）	360 元
253	銷售部門績效考核量化指標	360 元
254	員工招聘操作手冊	360 元
256	有效溝通技巧	360 元
257	會議手冊	360 元
258	如何處理員工離職問題	360 元
259	提高工作效率	360 元
261	員工招聘性向測試方法	360 元
262	解決問題	360 元
263	微利時代制勝法寶	360 元
264	如何拿到 VC（風險投資）的錢	360 元
267	促銷管理實務〈增訂五版〉	360 元
268	顧客情報管理技巧	360 元
269	如何改善企業組織績效〈增訂二版〉	360 元
270	低調才是大智慧	360 元
272	主管必備的授權技巧	360 元
275	主管如何激勵部屬	360 元

276	輕鬆擁有幽默口才	360 元
277	各部門年度計劃工作（增訂二版）	360 元
278	面試主考官工作實務	360 元
279	總經理重點工作（增訂二版）	360 元
282	如何提高市場佔有率（增訂二版）	360 元
283	財務部流程規範化管理（增訂二版）	360 元
284	時間管理手冊	360 元
285	人事經理操作手冊（增訂二版）	360 元
286	贏得競爭優勢的模仿戰略	360 元
287	電話推銷培訓教材（增訂三版）	360 元
288	贏在細節管理（增訂二版）	360 元
289	企業識別系統 CIS（增訂二版）	360 元
290	部門主管手冊（增訂五版）	360 元
291	財務查帳技巧（增訂二版）	360 元
292	商業簡報技巧	360 元
293	業務員疑難雜症與對策（增訂二版）	360 元
294	內部控制規範手冊	360 元
295	哈佛領導力課程	360 元
296	如何診斷企業財務狀況	360 元
297	營業部轄區管理規範工具書	360 元
298	售後服務手冊	360 元
299	業績倍增的銷售技巧	400 元
300	行政部流程規範化管理（增訂二版）	400 元
301	如何撰寫商業計畫書	400 元
302	行銷部流程規範化管理（增訂二版）	400 元
303	人力資源部流程規範化管理（增訂四版）	420 元
304	生產部流程規範化管理（增訂二版）	400 元
305	績效考核手冊(增訂二版)	400 元
306	經銷商管理手冊(增訂四版)	420 元
307	招聘作業規範手冊	420 元
308	喬・吉拉德銷售智慧	400 元
309	商品鋪貨規範工具書	400 元
310	企業併購案例精華(增訂二版)	420 元
311	客戶抱怨手冊	400 元
312	如何撰寫職位說明書(增訂二版)	400 元
313	總務部門重點工作（增訂三版）	400 元
314	客戶拒絕就是銷售成功的開始	400 元
315	如何選人、育人、用人、留人、辭人	400 元
316	危機管理案例精華	400 元
317	節約的都是利潤	400 元
318	企業盈利模式	400 元
319	應收帳款的管理與催收	420 元
320	總經理手冊	420 元
321	新產品銷售一定成功	420 元
322	銷售獎勵辦法	420 元
323	財務主管工作手冊	420 元
324	降低人力成本	420 元
325	企業如何制度化	420 元
326	終端零售店管理手冊	420 元

《商店叢書》

18	店員推銷技巧	360 元
30	特許連鎖業經營技巧	360 元
35	商店標準操作流程	360 元
36	商店導購口才專業培訓	360 元
37	速食店操作手冊〈增訂二版〉	360 元
38	網路商店創業手冊〈增訂二版〉	360 元
40	商店診斷實務	360 元
41	店鋪商品管理手冊	360 元
42	店員操作手冊（增訂三版）	360 元
44	店長如何提升業績〈增訂二版〉	360 元
45	向肯德基學習連鎖經營〈增訂二版〉	360 元
47	賣場如何經營會員制俱樂部	360 元
48	賣場銷量神奇交叉分析	360 元

49	商場促銷法寶	360 元
53	餐飲業工作規範	360 元
54	有效的店員銷售技巧	360 元
55	如何開創連鎖體系〈增訂三版〉	360 元
56	開一家穩賺不賠的網路商店	360 元
57	連鎖業開店複製流程	360 元
58	商鋪業績提升技巧	360 元
59	店員工作規範（增訂二版）	400 元
60	連鎖業加盟合約	400 元
61	架設強大的連鎖總部	400 元
62	餐飲業經營技巧	400 元
63	連鎖店操作手冊（增訂五版）	420 元
64	賣場管理督導手冊	420 元
65	連鎖店督導師手冊（增訂二版）	420 元
66	店長操作手冊（增訂六版）	420 元
67	店長數據化管理技巧	420 元
68	開店創業手冊〈增訂四版〉	420 元
69	連鎖業商品開發與物流配送	420 元
70	連鎖業加盟招商與培訓作法	420 元
71	金牌店員內部培訓手冊	420 元
72	如何撰寫連鎖業營運手冊〈增訂三版〉	420 元

《工廠叢書》

15	工廠設備維護手冊	380 元
16	品管圈活動指南	380 元
17	品管圈推動實務	380 元
20	如何推動提案制度	380 元
24	六西格瑪管理手冊	380 元
30	生產績效診斷與評估	380 元
32	如何藉助 IE 提升業績	380 元
38	目視管理操作技巧（增訂二版）	380 元
46	降低生產成本	380 元
47	物流配送績效管理	380 元
51	透視流程改善技巧	380 元
55	企業標準化的創建與推動	380 元
56	精細化生產管理	380 元
57	品質管制手法〈增訂二版〉	380 元
58	如何改善生產績效〈增訂二版〉	380 元
68	打造一流的生產作業廠區	380 元
70	如何控制不良品〈增訂二版〉	380 元
71	全面消除生產浪費	380 元
72	現場工程改善應用手冊	380 元
75	生產計劃的規劃與執行	380 元
77	確保新產品開發成功（增訂四版）	380 元
79	6S 管理運作技巧	380 元
83	品管部經理操作規範〈增訂二版〉	380 元
84	供應商管理手冊	380 元
85	採購管理工作細則〈增訂二版〉	380 元
87	物料管理控制實務〈增訂二版〉	380 元
88	豐田現場管理技巧	380 元
89	生產現場管理實戰案例〈增訂三版〉	380 元
90	如何推動 5S 管理（增訂五版）	420 元
92	生產主管操作手冊（增訂五版）	420 元
93	機器設備維護管理工具書	420 元
94	如何解決工廠問題	420 元
95	採購談判與議價技巧〈增訂二版〉	420 元
96	生產訂單運作方式與變更管理	420 元
97	商品管理流程控制（增訂四版）	420 元
98	採購管理實務〈增訂六版〉	420 元
99	如何管理倉庫〈增訂八版〉	420 元
100	部門績效考核的量化管理（增訂六版）	420 元
101	如何預防採購舞弊	420 元
102	生產主管工作技巧	420 元
103	工廠管理標準作業流程〈增訂三版〉	420 元

《醫學保健叢書》

1	9 週加強免疫能力	320 元
3	如何克服失眠	320 元
4	美麗肌膚有妙方	320 元

5	減肥瘦身一定成功	360 元
6	輕鬆懷孕手冊	360 元
7	育兒保健手冊	360 元
8	輕鬆坐月子	360 元
11	排毒養生方法	360 元
13	排除體內毒素	360 元
14	排除便秘困擾	360 元
15	維生素保健全書	360 元
16	腎臟病患者的治療與保健	360 元
17	肝病患者的治療與保健	360 元
18	糖尿病患者的治療與保健	360 元
19	高血壓患者的治療與保健	360 元
22	給老爸老媽的保健全書	360 元
23	如何降低高血壓	360 元
24	如何治療糖尿病	360 元
25	如何降低膽固醇	360 元
26	人體器官使用說明書	360 元
27	這樣喝水最健康	360 元
28	輕鬆排毒方法	360 元
29	中醫養生手冊	360 元
30	孕婦手冊	360 元
31	育兒手冊	360 元
32	幾千年的中醫養生方法	360 元
34	糖尿病治療全書	360 元
35	活到 120 歲的飲食方法	360 元
36	7 天克服便秘	360 元
37	為長壽做準備	360 元
39	拒絕三高有方法	360 元
40	一定要懷孕	360 元
41	提高免疫力可抵抗癌症	360 元
42	生男生女有技巧〈增訂三版〉	360 元

《培訓叢書》

11	培訓師的現場培訓技巧	360 元
12	培訓師的演講技巧	360 元
15	戶外培訓活動實施技巧	360 元
17	針對部門主管的培訓遊戲	360 元
21	培訓部門經理操作手冊（增訂三版）	360 元
23	培訓部門流程規範化管理	360 元
24	領導技巧培訓遊戲	360 元
26	提升服務品質培訓遊戲	360 元
27	執行能力培訓遊戲	360 元
28	企業如何培訓內部講師	360 元
29	培訓師手冊（增訂五版）	420 元
30	團隊合作培訓遊戲(增訂三版)	420 元
31	激勵員工培訓遊戲	420 元
32	企業培訓活動的破冰遊戲（增訂二版）	420 元
33	解決問題能力培訓遊戲	420 元
34	情商管理培訓遊戲	420 元
35	企業培訓遊戲大全(增訂四版)	420 元
36	銷售部門培訓遊戲綜合本	420 元

《傳銷叢書》

4	傳銷致富	360 元
5	傳銷培訓課程	360 元
10	頂尖傳銷術	360 元
12	現在輪到你成功	350 元
13	鑽石傳銷商培訓手冊	350 元
14	傳銷皇帝的激勵技巧	360 元
15	傳銷皇帝的溝通技巧	360 元
19	傳銷分享會運作範例	360 元
20	傳銷成功技巧（增訂五版）	400 元
21	傳銷領袖（增訂二版）	400 元
22	傳銷話術	400 元
23	如何傳銷邀約	400 元

《幼兒培育叢書》

1	如何培育傑出子女	360 元
2	培育財富子女	360 元
3	如何激發孩子的學習潛能	360 元
4	鼓勵孩子	360 元
5	別溺愛孩子	360 元
6	孩子考第一名	360 元
7	父母要如何與孩子溝通	360 元
8	父母要如何培養孩子的好習慣	360 元
9	父母要如何激發孩子學習潛能	360 元
10	如何讓孩子變得堅強自信	360 元

《成功叢書》

1	猶太富翁經商智慧	360 元
2	致富鑽石法則	360 元
3	發現財富密碼	360 元

《企業傳記叢書》

1	零售巨人沃爾瑪	360 元
2	大型企業失敗啟示錄	360 元
3	企業併購始祖洛克菲勒	360 元
4	透視戴爾經營技巧	360 元
5	亞馬遜網路書店傳奇	360 元
6	動物智慧的企業競爭啟示	320 元
7	CEO 拯救企業	360 元
8	世界首富　宜家王國	360 元
9	航空巨人波音傳奇	360 元
10	傳媒併購大亨	360 元

《智慧叢書》

1	禪的智慧	360 元
2	生活禪	360 元
3	易經的智慧	360 元
4	禪的管理大智慧	360 元
5	改變命運的人生智慧	360 元
6	如何吸取中庸智慧	360 元
7	如何吸取老子智慧	360 元
8	如何吸取易經智慧	360 元
9	經濟大崩潰	360 元
10	有趣的生活經濟學	360 元
11	低調才是大智慧	360 元

《DIY 叢書》

1	居家節約竅門 DIY	360 元
2	愛護汽車 DIY	360 元
3	現代居家風水 DIY	360 元
4	居家收納整理 DIY	360 元
5	廚房竅門 DIY	360 元
6	家庭裝修 DIY	360 元
7	省油大作戰	360 元

《財務管理叢書》

1	如何編制部門年度預算	360 元
2	財務查帳技巧	360 元
3	財務經理手冊	360 元
4	財務診斷技巧	360 元
5	內部控制實務	360 元
6	財務管理制度化	360 元
8	財務部流程規範化管理	360 元
9	如何推動利潤中心制度	360 元

為方便讀者選購，本公司將一部分上述圖書又加以專門分類如下：

《主管叢書》

1	部門主管手冊（增訂五版）	360 元
2	總經理手冊	420 元
4	生產主管操作手冊（增訂五版）	420 元
5	店長操作手冊（增訂六版）	420 元
6	財務經理手冊	360 元
7	人事經理操作手冊	360 元
8	行銷總監工作指引	360 元
9	行銷總監實戰案例	360 元

《總經理叢書》

1	總經理如何經營公司(增訂二版)	360 元
2	總經理如何管理公司	360 元
3	總經理如何領導成功團隊	360 元
4	總經理如何熟悉財務控制	360 元
5	總經理如何靈活調動資金	360 元
6	總經理手冊	420 元

《人事管理叢書》

1	人事經理操作手冊	360 元
2	員工招聘操作手冊	360 元
3	員工招聘性向測試方法	360 元
5	總務部門重點工作（增訂三版）	400 元
6	如何識別人才	360 元
7	如何處理員工離職問題	360 元
8	人力資源部流程規範化管理（增訂四版）	420 元
9	面試主考官工作實務	360 元
10	主管如何激勵部屬	360 元
11	主管必備的授權技巧	360 元
12	部門主管手冊（增訂五版）	360 元

《理財叢書》

1	巴菲特股票投資忠告	360 元
2	受益一生的投資理財	360 元
3	終身理財計劃	360 元
4	如何投資黃金	360 元
5	巴菲特投資必贏技巧	360 元
6	投資基金賺錢方法	360 元
7	索羅斯的基金投資必贏忠告	360 元

8	巴菲特為何投資比亞迪	360 元

《網路行銷叢書》

1	網路商店創業手冊〈增訂二版〉	360 元
2	網路商店管理手冊	360 元
3	網路行銷技巧	360 元
4	商業網站成功密碼	360 元
5	電子郵件成功技巧	360 元
6	搜索引擎行銷	360 元

《企業計劃叢書》

1	企業經營計劃〈增訂二版〉	360 元
2	各部門年度計劃工作	360 元
3	各部門編制預算工作	360 元
4	經營分析	360 元
5	企業戰略執行手冊	360 元

請保留此圖書目錄：

未來在長遠的工作上，此圖書目錄可能會對您有幫助！！

如何藉助流程改善，

提升企業績效？

敬請參考下列各書，內容保證精彩：

· 透視流程改善技巧（380 元）
· 工廠管理標準作業流程（420 元）
· 商品管理流程控制（420 元）
· 如何改善企業組織績效（360 元）
· 診斷改善你的企業（360 元）

上述各書均有在書店陳列販賣，若書店賣完而來不及由庫存書補充上架，請讀者直接向店員詢問、購買，最快速、方便！購買方法如下：

銀行名稱：合作金庫銀行　敦南分行（代碼：006）

帳號：5034-717-347-447

公司名稱：憲業企管顧問有限公司

郵局劃撥帳號：18410591

用培訓、提升企業競爭力是萬無一失、事半功倍的方法。其效果更具有超大的「投資報酬力」！

最暢銷的工廠叢書

序號	名稱	售價
47	物流配送績效管理	380 元
51	透視流程改善技巧	380 元
55	企業標準化的創建與推動	380 元
56	精細化生產管理	380 元
57	品質管制手法〈增訂二版〉	380 元
58	如何改善生產績效〈增訂二版〉	380 元
68	打造一流的生產作業廠區	380 元
70	如何控制不良品〈增訂二版〉	380 元
71	全面消除生產浪費	380 元
72	現場工程改善應用手冊	380 元
75	生產計劃的規劃與執行	380 元
77	確保新產品開發成功（增訂四版）	380 元
79	6S 管理運作技巧	380 元
83	品管部經理操作規範〈增訂二版〉	380 元
84	供應商管理手冊	380 元
85	採購管理工作細則〈增訂二版〉	380 元
87	物料管理控制實務〈增訂二版〉	380 元
88	豐田現場管理技巧	380 元
89	生產現場管理實戰案例〈增訂三版〉	380 元
90	如何推動 5S 管理（增訂五版）	420 元
92	生產主管操作手冊（增訂五版）	420 元
93	機器設備維護管理工具書	420 元
94	如何解決工廠問題	420 元
96	生產訂單運作方式與變更管理	420 元
97	商品管理流程控制（增訂四版）	420 元
98	採購管理實務〈增訂六版〉	420 元
99	如何管理倉庫〈增訂八版〉	420 元
100	部門績效考核的量化管理（增訂六版）	420 元
101	如何預防採購舞弊	420 元
102	生產主管工作技巧	420 元
103	工廠管理標準作業流程〈增訂三版〉	420 元

使用培訓、提升企業競爭力是萬無一失、事半功倍的方法。其效果更具有超大的「投資報酬力」！

最暢銷的商店叢書

序號	名稱	售價
38	網路商店創業手冊〈增訂二版〉	360 元
40	商店診斷實務	360 元
41	店鋪商品管理手冊	360 元
42	店員操作手冊（增訂三版）	360 元
44	店長如何提升業績〈增訂二版〉	360 元
45	向肯德基學習連鎖經營〈增訂二版〉	360 元
47	賣場如何經營會員制俱樂部	360 元
48	賣場銷量神奇交叉分析	360 元
49	商場促銷法寶	360 元
53	餐飲業工作規範	360 元
54	有效的店員銷售技巧	360 元
55	如何開創連鎖體系〈增訂三版〉	360 元
56	開一家穩賺不賠的網路商店	360 元
57	連鎖業開店複製流程	360 元
58	商鋪業績提升技巧	360 元
59	店員工作規範（增訂二版）	400 元
60	連鎖業加盟合約	400 元
61	架設強大的連鎖總部	400 元
62	餐飲業經營技巧	400 元
63	連鎖店操作手冊（增訂五版）	420 元
64	賣場管理督導手冊	420 元
65	連鎖店督導師手冊（增訂二版）	420 元
66	店長操作手冊（增訂六版）	420 元
67	店長數據化管理技巧	420 元
68	開店創業手冊〈增訂四版〉	420 元
69	連鎖業商品開發與物流配送	420 元
70	連鎖業加盟招商與培訓作法	420 元
71	金牌店員內部培訓手冊	420 元
72	如何撰寫連鎖業營運手冊〈增訂三版〉	420 元

使用培訓、提升企業競爭力是萬無一失、事半功倍的方法。其效果更具有超大的「投資報酬力」！

最暢銷的培訓叢書

序號	名　稱	售價
11	培訓師的現場培訓技巧	360 元
12	培訓師的演講技巧	360 元
15	戶外培訓活動實施技巧	360 元
17	針對部門主管的培訓遊戲	360 元
21	培訓部門經理操作手冊（增訂三版）	360 元
23	培訓部門流程規範化管理	360 元
24	領導技巧培訓遊戲	360 元
26	提升服務品質培訓遊戲	360 元
27	執行能力培訓遊戲	360 元
28	企業如何培訓內部講師	360 元
29	培訓師手冊（增訂五版）	420 元
30	團隊合作培訓遊戲(增訂三版）	420 元
31	激勵員工培訓遊戲	420 元
32	企業培訓活動的破冰遊戲（增訂二版）	420 元
33	解決問題能力培訓遊戲	420 元
34	情商管理培訓遊戲	420 元
35	企業培訓遊戲大全（增訂四版）	420 元
36	銷售部門培訓遊戲綜合本	420 元

上述各書均有在書店陳列販賣，若書店賣完而來不及由庫存書補充上架，請讀者直接向店員詢問、購買，最快速、方便！購買方法如下：

銀行名稱：合作金庫銀行　敦南分行(代碼：006)

帳號：**5034-717-347-447**

公司名稱：憲業企管顧問有限公司

郵局劃撥帳號：18410591

在海外出差的………

臺灣上班族

不斷學習，持續投資在自己的競爭力，最划得來的……

愈來愈多的台灣上班族，到海外工作(或海外出差)，對工作的努力與敬業，是台灣上班族的核心競爭力；一個明顯的例子，返台休假期間，台灣上班族都會抽空再買書，設法充實自身專業能力。

[憲業企管顧問公司]以專業立場,為企業界提供專業咨詢，並提供最專業的各種經營管理類圖書。

85%的台灣上班族都曾經有過購買(或閱讀)**[憲業企管顧問公司]**所出版的各種企管圖書。

建議你：工作之餘要多看書，加強競爭力。

台灣最大的企管圖書網站

www.bookstore99.com

當市場競爭激烈時：

培訓員工，強化員工競爭力 是企業最佳對策

「人才」是企業最大的財富。如何提升人才，是企業永續經營、戰勝對手的核心競爭力。積極培訓公司內部員工，是經濟不景氣時期的最佳戰略，而最快速的具體作法，就是**「建立企業內部圖書館，鼓勵員工多閱讀、多進修專業書藉」**

建議您：請一次購足本公司所出版各種經營管理類圖書，作為貴公司內部員工培訓圖書。使用率高的（例如「贏在細節管理」），準備 3 本；使用率低的（例如「工廠設備維護手冊」），只買 1 本。

經營顧問叢書 ㉖ 售價：420 元

終端零售店管理手冊

西元二〇一七年八月 初版一刷

編著：任賢旺（武漢） 秦明浩（長沙） 黃憲仁（臺北）

策劃：麥可國際出版有限公司（新加坡）

編輯：蕭玲

校對：劉飛娟

發行人：黃憲仁

發行所：憲業企管顧問有限公司

電話：（02）2762-2241 （03）9310960 0930872873

電子郵件聯絡信箱：huang2838@yahoo.com.tw

銀行 ATM 轉帳：合作金庫銀行 帳號：5034-717-347447

郵政劃撥：18410591 憲業企管顧問有限公司

江祖平律師顧問：紙品書、數位書著作權與版權均歸本公司所有

登記證：行政業新聞局版台業字第 6380 號

本公司徵求海外版權出版代理商（0930872873）

本圖書是由憲業企管顧問（集團）公司所出版，以專業立場，為企業界提供最專業的各種經營管理類圖書。

圖書編號 ISBN：978-986-369-060-3